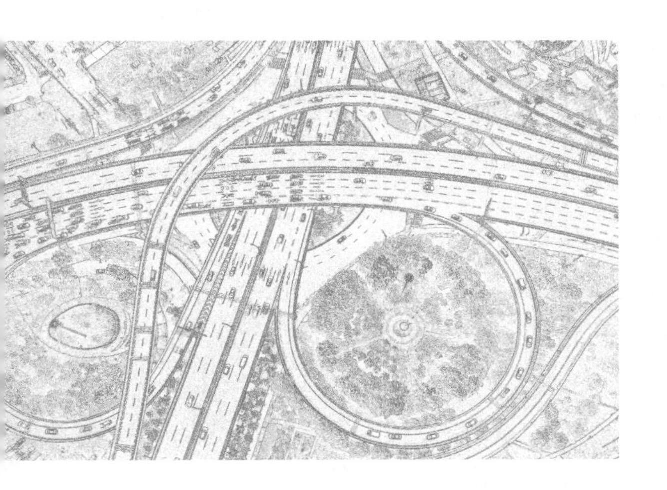

危化品运输路线交通事故风险预测预警方法与防控策略

孙广林　胡雁宾　刘君　编著

气象出版社
China Meteorological Press

内 容 简 介

本书从危化品道路运输禁限行管理现状、事故特征、交通状态出发，提出短时和长时多尺度交通事故预测方法；应用系统动力学原理，分析危化品运输事故风险生成及演化过程，综合危化品运输路线事故风险评估结果与交通运行状态，划分事故风险预警等级，构建人、车、环境、管理四维风险防控技术体系，为系统化管控危化品运输路线事故风险提供技术方法。

本书重点探讨危化品道路运输路线交通事故风险生成、演化、管控技术及应用实践，可供道路交通安全管理人员、研究人员参考。

图书在版编目（CIP）数据

危化品运输路线交通事故风险预测预警方法与防控策略 / 孙广林，胡雁宾，刘君编著. -- 北京 ：气象出版社，2025.1

ISBN 978-7-5029-8148-8

Ⅰ. ①危… Ⅱ. ①孙… ②胡… ③刘… Ⅲ. ①危险货物运输－交通运输管理－预警系统 Ⅳ. ①U294.8

中国国家版本馆 CIP 数据核字(2023)第 253747 号

危化品运输路线交通事故风险预测预警方法与防控策略

Weihuapin Yunshu Luxian Jiaotong Shigu Fengxian Yuce Yujing Fangfa yu Fangkong Celüe

---

出版发行：气象出版社
地　　址：北京市海淀区中关村南大街 46 号　**邮政编码**：100081
电　　话：010-68407112(总编室)　010-68408042(发行部)
网　　址：http://www.qxcbs.com　**E-mail**：qxcbs@cma.gov.cn
责任编辑：黄海燕　**终　　审**：张　斌
责任校对：张硕杰　**责任技编**：赵相宁
封面设计：艺点设计
印　　刷：三河市君旺印务有限公司
开　　本：710 mm×1000 mm　1/16　**印　　张**：8.75
字　　数：172 千字　**彩　　插**：2
版　　次：2025 年 1 月第 1 版　**印　　次**：2025 年 1 月第 1 次印刷
定　　价：60.00 元

前　言

危险化学品(简称“危化品”)行业是国民经济的重要组成部分，为社会经济发展和生产生活带来了巨大效益，随着危化品应用市场规模的不断扩大，其原材料产地与生产使用市场的不一致带来的运输需求呈逐年增长趋势。目前，我国95%的危化品需要长距离运输实现资源的配置，采取道路运输方式的占比高达70%以上。近年来，涉危化品运输事故数量呈持续下降趋势，但事故基数依然较大，通过感知运输路线交通态势变化，动态预测不同时间尺度事故风险，及时预警和管控风险，对于防控危化品运输事故具有较强的技术支撑和实践价值。

截至 2018 年底，我国共有危险货物道路运输企业 1.23 万家、车辆 37.3 万辆、从业人员 160 万人，每天有近 300 万吨危化品在运输路上，其潜在高风险性和事故高危害性受到监管部门和全社会的高度关注。由于危化品运输事故有突发性、危害性、多样性等特点，运输过程中道路环境、车辆运行、驾驶员等安全要素相互作用机理复杂，相互作用叠加致使运输安全风险具有潜在性和隐蔽性，在危化品公路运输车辆多元化和运输高速化发展趋势下，危化品运输路线已然成为重特大交通事故风险隐患的集中区。应急管理、交通运输、公安交管、生态环境等监管部门，从法律法规顶层设计到车辆运行技术监管等多方面、多维度、全方位实施综合监管，对从事危化品生产、运输、使用的企业和人员设置了准入和管理条件，各监管部门在依法履行安全管理职责和企业落实安全主体责任过程中，产生并采集了大量的驾驶员行为、运输车辆安全、道路与交通环境、交通管控等相关基础数据，为开展危化品运输路线交通事故风险预测预警方法与防控策略研究提供了可靠的数据支撑。

本书共分为五章，第 1 章论述了我国危化品运输禁限行路线、禁限行区域、常备通行路线和车辆许可停放点管理现状，收集 2013—2017 年社会公开报道的涉及危化品运输车辆的道路交通事故数据，分析了危化品运输事故特征，系统梳理了国内外危化品运输安全管理情况和事故风险预测评估防控研究现状。第 2 章依据危化品运输安全数据，划分了运输路线基本路段，提出了基于样本和特征双加权 FCM(模糊 C 均值聚类算法)的交通状态识别方法，明确了运输路线交通运行状态分为自由流、拥堵流和阻塞流 3 种类型。第 3 章基于交通运行状态划分结果，采用灰色马尔可夫模型进行短时事故预测，同时建立长时预测云模型，实现不同时间尺度的交通事故预测。第 4 章在识别危化品运输路线事故风险要素基础上，建立风险演化系统动力学模型，针对车辆安全技术水平、管理机制、安全教育培训、安全投入比例策略组合生成的七类仿真情景进行模拟仿真，揭示危化品运输安全系统结构及风险动态演化规律，针对事故风险提出了评估和等级划分方法。第 5 章对照危化品运输车辆事故风险等级，建立了危化品运输事故风险预警机制，给出了事故处置策略和备选通行路线规划方法，分别构建了人、车、环境、管理四维风险防控体系，开发了事故风险预警与防控系统，实现事故预测、风险评估、风险预警和防控措施辅助决策全链条应用。

实现危化品道路运输路线交通事故风险可感可控，是交通管理部门、运输企业、社会公众共同的责任和期盼，大数据、人工智能等先进技术的助力，推动了危化品运输车辆事故风险监测预警防控技术研究不断创新和深度应用。限于著者的知识储备和能力水平，书中难免有不当之处，恳请读者批评指正。

著者

2023 年 6 月

目　录

第1章 绪 论

2018年1月，公安部部长赵克志在全国公安交通管理工作电视电话会议上指出，要紧盯“两客一危”等肇事肇祸重点车辆，加快大数据和智能化等现代科技应用，让交通安全管理更加智能。随着我国社会经济总量的不断增长，危险化学品(简称“危化品”)公路运输需求呈快速发展趋势。由于我国危化品原材料产地与生产使用市场的不一致，95%左右的危化品需要长距离运输，实现资源的配置。据交通运输部门数据统计，截至2018年底，我国共有危险货物道路运输企业1.23万家、车辆37.3万辆、从业人员160万人，每天有近300万吨危化品在运输路上，危化品道路运输量占危化品运输总量的70%，居全球第二位。近年来，危化品运输安全形势持续向好，但事故频发多发的态势依然突出。危化品运输潜在的高风险性和事故高危害性愈发受到全社会高度关注。公安交管部门作为危化品运输环节交通安全管理部门，如何有效预防危化品运输车辆交通事故的发生，对遏制重特大公路交通事故和保持危化品运输行业稳定持续发展具有重要的意义。

危化品运输环节是线性移动危险源在道路上动态分布的过程，交通事故的发生具有突发性、危害性、多样性等特点。由于危化品的特殊性和公路运输的便利性，危化品通过公路进行运输的比例逐年提高，事故率也逐年提高，对运输沿线道路基础设施及周边环境，以及事故影响区域的车辆和周边群众生命财产安全构成极大威胁。例如，2014年7月19日02时57分，沪昆高速公路湖南邵阳段发生特别重大道路交通危化品爆燃事故，造成54人死亡、6人受伤，直接经济损失5300万元；2016年5月26日，呼和浩特境内发生一起装载苯的危化品运输车辆与装载砂石的车辆严重碰撞事故，苯泄漏致使周围1 km范围内1000多名群众紧急疏散；2016年11月21日下午，湖北襄阳境内装载浓硫酸的车辆发生交通事故，造成车辆侧翻并破损，浓硫酸将公路腐蚀殆尽，挥发的气体向四周弥漫，应急救援人员耗时6个小时才将泄漏的浓硫酸处理完毕；2016年，周口市公安交管部门巡查发现，周口市汽车运输集团通宇货运有限公司所属危化品运输车辆交通违法未处理数量高达506起，周口市汽车运输集团特种货物运输公司所属危化品运输车辆交通违法未处理数量高达482起，已形成重大交通安全隐患；2020年6月13日16时40分许，一辆载有液化气槽罐的牵引车行驶至G15沈海高速公路往温州方向温岭西出口互通匝道中段发生爆炸，炸飞的槽罐车砸塌路侧的一间厂房并发生了二次爆炸，事故共造成20人死亡，重伤24人。危化品运输与普通货物运输不同，繁多的种类以及自身具有的高危险特性，再与运输过程中道路、交通运行、驾驶员等不可控要素叠加，提高了运输安全风险。在危化品道路运输车辆多元化和运输高速化发展趋势下，危化品运输路线已然成为重特大交通事故风险隐患的集中区。

1.1 危化品运输禁限行管理现状

为加强危化品道路运输安全管理，我国制定并实施了《危险化学品安全管理条例》(国务院令第344号)、《剧毒化学品购买和公路运输许可证件管理办法》(公安部令第77号)、《道路危险货物运输管理规定》(交通运输部令2013年第2号)等法律、法规，对遏制重特大危化品交通事故发生发挥了重要作用。危化品是危险化学品的简称，是指具有毒害、腐蚀、爆炸、燃烧、助燃等性质，对人体、设施、环境具有危害的剧毒化学品和其他化学品。依据法律规定，危化品道路运输企业必须建立车辆监控平台，对在途车辆进行实时定位和监控，全程了解运输路线以及行驶速度。同时，公安交管部门和交通运输部门在运输沿线布设了大量的视频监控、超速和超载违法取证等信息采集系统，为预测预警危化品运输路线交通事故风险和提出针对性防控策略提供了基础条件。

按照《危险货物道路运输安全管理办法》要求，有下列情形之一的，公安机关可以依法采取措施，限制危险货物运输车辆通行：

(1)城市(含县城)重点地区、重点单位、人流密集场所、居民生活区；

(2)饮用水水源保护区、重点景区、自然保护区；

(3)特大桥梁、特长隧道、隧道群、桥隧相连路段及水下公路隧道；

(4)坡长坡陡、临水临崖等通行条件差的山区公路；

(5)法律、行政法规规定的其他可以限制通行的情形。

除法律、行政法规另有规定外，公安机关综合考虑相关因素，确需对通过高速公路运输危险化学品依法采取限制通行措施的，限制通行时段应当在00时至06时之间确定。限制通行措施主要针对高速公路、城市中心区域等事故风险度高的重点运输路线或区域，实施通行时段、运输车辆类型、运输危化品品类禁止或限制通行措施。

截至2024年12月，公安部门道路交通态势监测服务平台数据显示，全国公安交管部门录入的危化品运输禁限行路线11733条、禁限行区域3021个、常备通行路线 3593 条、危化品运输车辆许可停放点 3755 处。

1.1.1 危化品运输禁限行路线

全国各省(区、市)危化品运输禁限行路线数量分布如表 1.1 所示。

表 1.1 全国各省(区、市)危化品运输禁限行路线 单位:条

序号	省(区、市)	禁限行路线	序号	省(区、市)	禁限行路线
1	山东省	1631	17	河南省	302
2	广东省	954	18	安徽省	286
3	四川省	916	19	新疆维吾尔自治区	279
4	云南省	549	20	福建省	268
5	甘肃省	514	21	广西壮族自治区	221
6	内蒙古自治区	500	22	吉林省	206
7	山西省	496	23	江苏省	203
8	湖南省	490	24	宁夏回族自治区	179
9	江西省	444	25	北京市	179
10	辽宁省	416	26	贵州省	170
11	浙江省	389	27	上海市	97
12	河北省	388	28	天津市	88
13	黑龙江省	379	29	青海省	63
14	重庆市	368	30	海南省	61
15	陕西省	338	31	西藏自治区	50
16	湖北省	309			

全国各地对危化品运输路线实施禁限行管理的地区主要分布在山东省以及长三角、珠三角、川渝、京津冀地区,以上地区均为危化品经济生产最活跃的危化品主产地或消费地。西北、东北、西南(除川渝)地区危化品运输禁限行路线管理数量相对较低。其中,山东省危化品运输禁限行路线有 1631 条,占比 13.9%,排名第 1 位;广东省有 954 条,占比 8.1%,排名第 2 位;四川省有 916 条,占比 7.8%,排名第 3 位;青海省、海南省和西藏自治区危化品运输禁限行路线较少,分别为 63 条、61 条、50 条。

1.1.2 危化品运输禁限行区域

全国各省(区、市)危化品运输禁限行区域数量分布如表 1.2 所示。

表 1.2　全国各省(区、市)危化品运输禁限行区域　　　　单位:个

序号	省(区、市)	禁限行区域	序号	省(区、市)	禁限行区域
1	四川省	462	17	辽宁省	86
2	山东省	214	18	贵州省	80
3	河北省	177	19	湖南省	75
4	河南省	166	20	福建省	68
5	江西省	155	21	重庆市	61
6	云南省	138	22	湖北省	58
7	甘肃省	133	23	宁夏回族自治区	32
8	山西省	126	24	天津市	30
9	安徽省	126	25	广西壮族自治区	28
10	江苏省	121	26	吉林省	22
11	新疆维吾尔自治区	116	27	西藏自治区	18
12	广东省	102	28	青海省	16
13	内蒙古自治区	100	29	海南省	12
14	陕西省	99	30	上海市	8
15	浙江省	97	31	北京市	7
16	黑龙江省	88			

全国各地对危化品运输区域实施禁限行管理的地区主要分布在华北、华东、西南地区,西北、东北等地区危化品运输禁限行区域管理数量相对较小。其中,四川省危化品运输禁限行区域有 462 个,占比 15.3%,排名第 1 位;山东省有 214 个,占比 7.1%,排名第 2 位;河北省有 177 个,占比 5.9%,排名第 3 位;上海市、北京市分别为 8 个和 7 个。

1.1.3　危化品运输常备通行路线

全国各省(区、市)危化品运输常备通行路线条数分布如表 1.3 所示。

全国各地对危化品运输提供常备通行路线的地区主要分布在西南、西北、华北等地区,华中、华南、东北等地区危化品运输常备通行路线上报数量相对较小。其中,四川省危化品运输常备通行路线有 461 条,占比 12.8%,排名第 1 位;山东省有 366 条,占比 10.2%,排名第 2 位;黑龙江省有 201 条,占比 5.6%,排名第 3 位;广东省和山西省分别有 200 条、196 条,占比分别为 5.6%、5.5%;天津市、海南省、北京市分别为 10 条、8 条、1 条。

表 1.3　全国各省(区、市)危化品运输常备通行路线　　单位:条

序号	省(区、市)	常备通行路线	序号	省(区、市)	常备通行路线
1	四川省	461	17	内蒙古自治区	93
2	山东省	366	18	贵州省	92
3	黑龙江省	201	19	宁夏回族自治区	71
4	广东省	200	20	湖南省	70
5	山西省	196	21	重庆市	69
6	新疆维吾尔自治区	188	22	陕西省	68
7	云南省	183	23	湖北省	43
8	河南省	172	24	吉林省	36
9	河北省	165	25	上海市	34
10	浙江省	131	26	广西壮族自治区	27
11	甘肃省	130	27	青海省	21
12	江西省	121	28	西藏自治区	17
13	安徽省	118	29	天津市	10
14	江苏省	104	30	海南省	8
15	福建省	100	31	北京市	1
16	辽宁省	97			

1.1.4　危化品运输车辆许可停放点

全国各省(区、市)危化品运输车辆许可停放点数量分布如表1.4所示。

表 1.4　全国各省(区、市)危化品运输车辆许可停放点　　单位:处

序号	省(区、市)	车辆许可停放点	序号	省(区、市)	车辆许可停放点
1	四川省	403	11	辽宁省	139
2	湖南省	281	12	内蒙古自治区	129
3	云南省	272	13	浙江省	119
4	广东省	226	14	山东省	108
5	福建省	225	15	河南省	108
6	吉林省	216	16	安徽省	105
7	新疆维吾尔自治区	200	17	陕西省	101
8	贵州省	178	18	黑龙江省	100
9	甘肃省	176	19	湖北省	97
10	山西省	165	20	广西壮族自治区	88

续表

序号	省(区、市)	车辆许可停放点	序号	省(区、市)	车辆许可停放点
21	江苏省	78	27	海南省	9
22	河北省	63	28	上海市	8
23	江西省	58	29	青海省	7
24	宁夏回族自治区	44	30	北京市	3
25	重庆市	26	31	天津市	1
26	西藏自治区	22			

全国各地对危化品运输车辆提供许可停放点的主要地区,除西南、东南沿海地区较集中外,分布相对均衡。其中,四川省危化品运输车辆许可停放点有403处,占比10.7%,排名第1位;湖南省有281处,占比7.5%,排名第2位;云南省有272处,占比7.2%,排名第3位;海南省、上海市、青海省、北京市、天津市分别录入9处、8处、7处、3处、1处。

1.2 危化品运输车辆事故特征

2013—2017年,统计社会公开报道的涉及危化品运输车辆的道路交通事故(简称"危化品运输车辆事故")数据,剔除后果轻微和无社会影响的事故,总数为1114起。进一步对事故车辆承运的危化品类别、事故类型和事故形态分布情况进行统计分析,获取危化品运输车辆事故风险特征,为危化品运输路线基本路段划分和风险评估预警提供依据。

1.2.1 总体分布特征

(1)事故数量

2013—2017年涉及危化品运输车辆事故数量分布情况如图1.1所示。

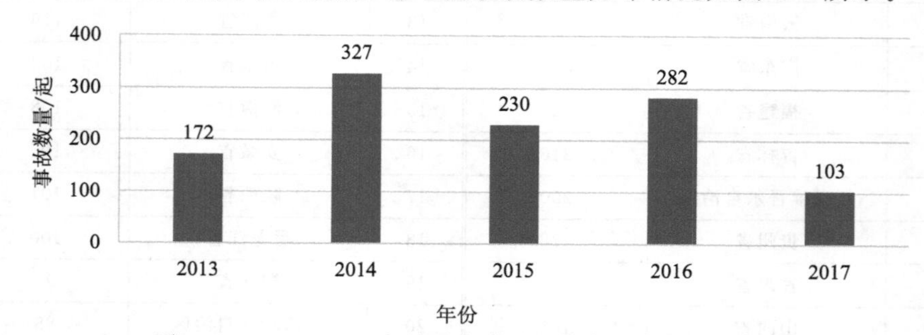

图1.1 2013—2017年涉及危化品运输车辆事故数量分布

由图1.1可见，2013—2017年社会公开报道的涉及危化品运输车辆的事故数量的发展趋势呈降抛物线型，逐年呈小幅波动变化，自2013—2014年显著上升后，随后逐年波动快速下降。

(2)危化品类别

2013—2017年危化品运输车辆事故涉及的危化品类别分布如图1.2所示。

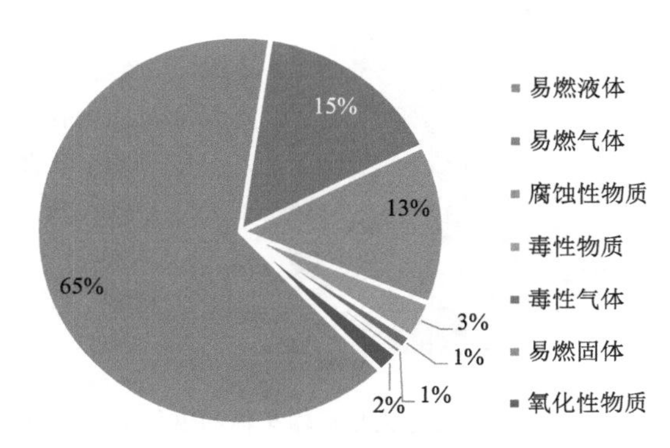

图1.2 2013—2017年危化品运输车辆事故涉及的危化品类别分布(附彩图)

由图1.2可见，2013—2017年社会公开报道的危化品运输车辆事故肇事车辆承运的危化品类别中，易燃液体占比达65%，其次为易燃气体(占比为15%)、腐蚀性物质(占比为13%)，其他为少量的毒性物质和氧化性物质，占比分别为3%和2%。

(3)事故类型

2013—2017年涉及危化品运输车辆的事故类型分布如图1.3所示。

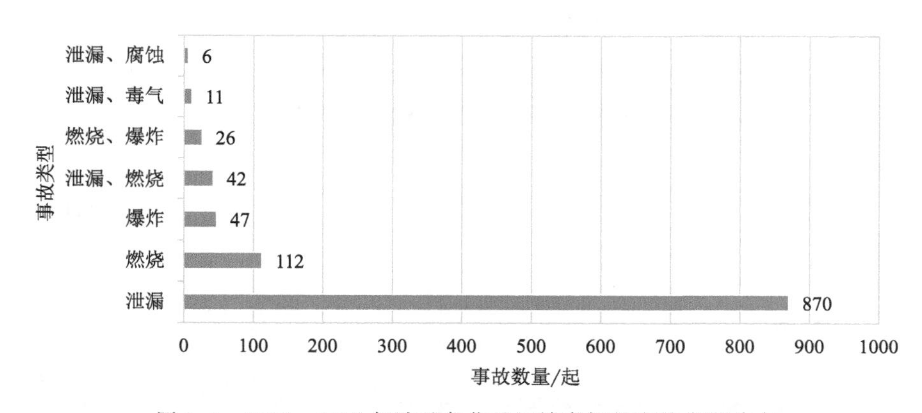

图1.3 2013—2017年涉及危化品运输车辆的事故类型分布

由图1.3可见，2013—2017年社会公开报道涉及危化品运输车辆的事故类型中，危化品泄漏事故占绝对数量，共发生 870 起，占比 78.1%；其次为燃烧事故 112 起，占比 10.1%；爆炸以及泄漏、燃烧等事故类型占比相对较低。

(4)事故形态

2013—2017 年涉及危化品运输车辆的事故形态分布如图 1.4 所示。

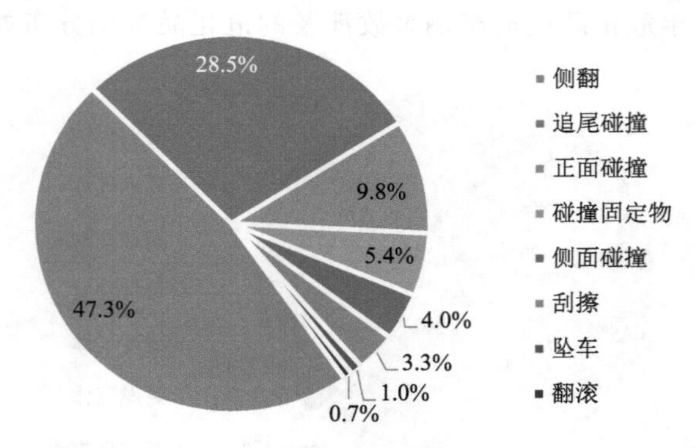

图 1.4　2013—2017 年涉及危化品运输车辆的事故形态分布(附彩图)

由图 1.4 可见，2013—2017 年社会公开报道的危化品运输车辆事故形态中，侧翻和追尾碰撞事故形态超过 7 成，占比分别为 47.3%、28.5%；其次是正面碰撞、碰撞固定物、侧面碰撞事故形态，占比分别为 9.8%、5.4%、4.0%。

1.2.2　年际分布特征

(1)危化品类别

2013—2017 年，社会公开报道的危化品运输车辆事故中涉及承运危化品类别的总体分布情况如图 1.5 所示。

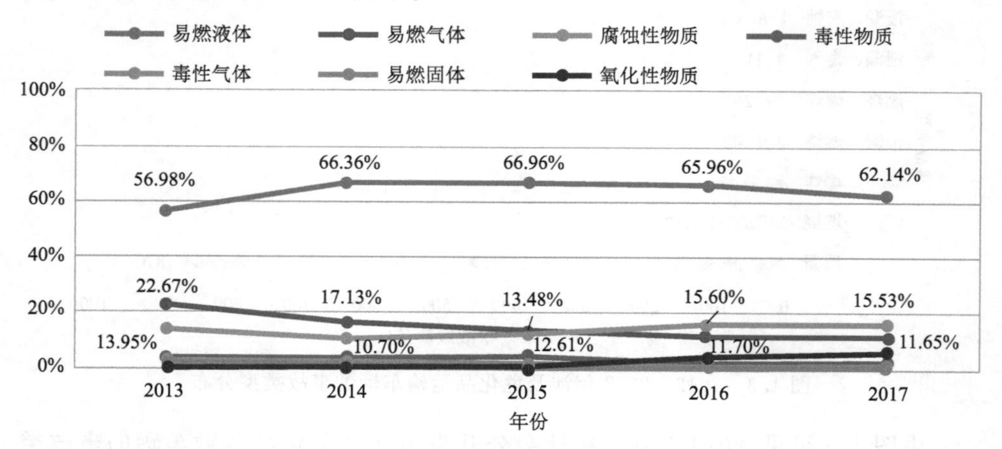

图 1.5　2013—2017 年危化品运输车辆事故危化品类别分布(附彩图)

由图 1.5 可见，2013—2017 年危化品运输车辆事故中，承运易燃液体车辆事故占绝对比重，总体平均占比为 63.68%，其次是易燃气体和腐蚀性物质，总体平均占比分别为 15.33%、13.68%。其中，2013—2015 年，承运易燃气体车辆事故占比高于承运腐蚀性物质车辆事故，2016 年和 2017 年则相反。

(2)事故类型

2013—2017 年，社会公开报道的危化品运输车辆事故类型的总体分布情况如图 1.6 所示。

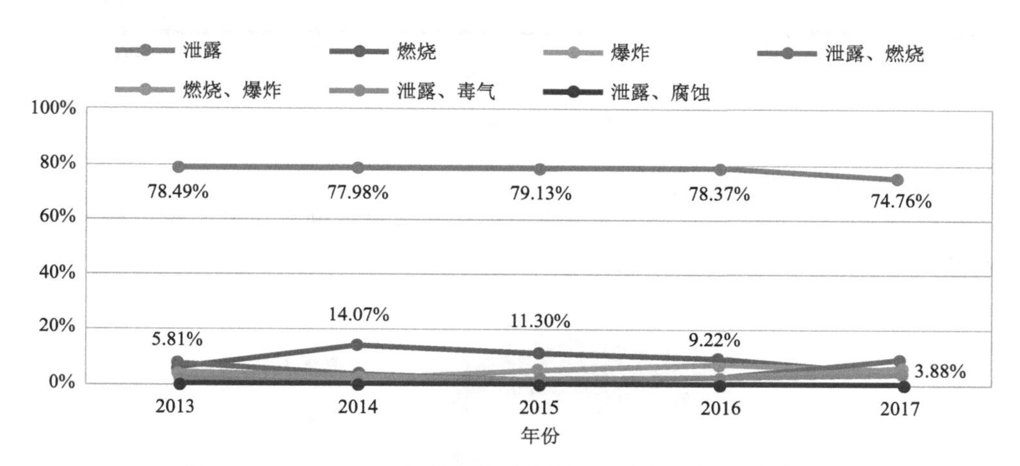

图 1.6　2013—2017 年危化品运输车辆事故类型分布(附彩图)

由图 1.6 可见，2013—2017 年危化品运输车辆事故类型中，危化品泄漏事故占绝对比重，总体平均占比为 77.75%，其次是燃烧，泄漏、燃烧和爆炸事故类型，总体平均占比分别为 8.86%、4.59%、4.49%。其中，2013 年泄漏、燃烧事故总体占比高于燃烧和爆炸事故类型，2017 年泄漏、燃烧事故占比再次高于爆炸和燃烧事故。

(3)事故形态

综合 2013—2017 年社会公开报道的危化品运输车辆事故形态数据，事故发生形态的总体分布情况如图 1.7 所示。

由图 1.7 可见，2013—2017 年危化品运输车辆事故形态中，侧翻事故形态占绝对比重，总体平均占比为 47.93%，并呈现上下波动的分布特征，最高为 2015 年，占比为 63.04%，最低为 2016 年，占比为 35.82%。其次为追尾碰撞事故形态，总体平均占比为 28.50%，再次为正面碰撞事故形态，总体平均占比为 9.69%，侧面碰撞与碰撞固定物事故形态总体平均占比较接近，分别为 4.48% 和 4.37%。

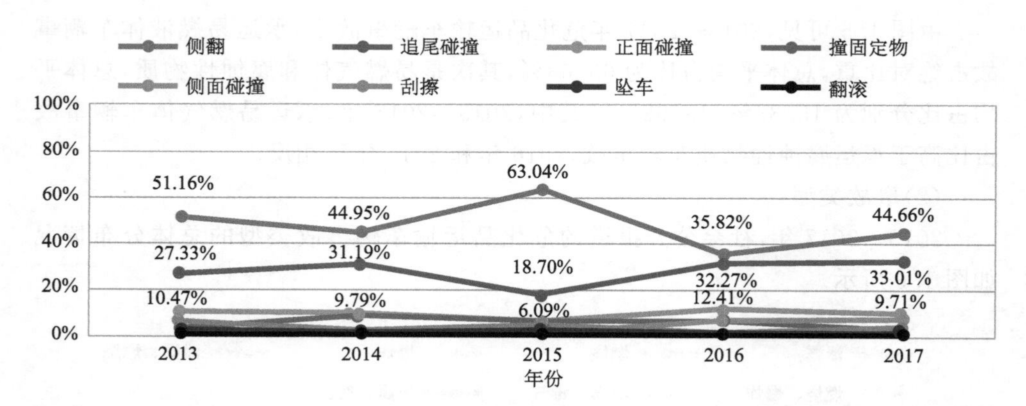

图 1.7　2013—2017 年危化品运输车辆事故形态分布(附彩图)

(4)事故路段类型

综合 2013—2017 年社会公开报道的危化品运输车辆事故发生路段数据，事故路段类型总体分布情况如图 1.8 所示。

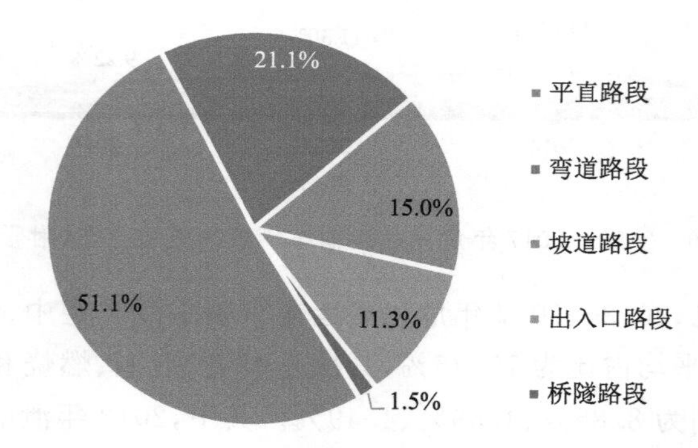

图 1.8　2013—2017 年危化品运输车辆事故路段类型分布(附彩图)

由图 1.8 可见，2013—2017 年危化品运输车辆事故路段主要以平直路段为主，占比为 51.1%，弯道路段、坡道路段、出入口路段，占比分别为 21.1%、15.0%、11.3%，占比最小事故路段为桥隧路段，占比为 1.5%。

1.3　危化品运输安全管理情况

1.3.1　国外危化品运输安全管理

国外危化品运输安全管理在法律法规制定、行业管理制度实施落实及安全管理技术方面起步较早，已逐渐形成了系列完善的运输安全管理模式，尤其是在危化品运输数据采集和共享、应急救援决策、事故管控等方面形成了专业化完备的人员队伍、软硬件配置。同时，针对危化品运输车辆驾驶员及作业人员，制定了系统化的培训机制，与安全管控技术和配套软件条件相互配合，能够保证运输途中预测预警事故风险，事故发生后做到快速处置与控制事故发展，有效实现了预防事故发生和降低人员伤亡及经济损失的目的。

1952 年，联合国危险货物运输专家委员会研究起草了《联合国危险货物运输建议书规章范本》，用以规范和指导国际危险货物生产、运输有序进行，最大限度节省资源和保障安全。随后，美国、德国、日本等危化品生产使用大国，均制定出台了适用于本国危险货物运输安全的法律和标准规范，并不断修订完善，为减少危险货物道路运输安全提供了有力保障。20 世纪 60 年代以来，通信及控制技术逐渐在危险货物运输安全领域得到应用，大规模实现了在途运输车辆远程 GPS（全球定位系统）定位和视频监控，能够实时监控运输车辆运行状态，以及驾驶员生理特征变化和预判驾驶操作安全性，并在线预警和连线驾驶员规避事故风险。

美国交通运输部下设美国管道与危险物品安全管理局（PHMSA）、联邦公路管理局（FHWA）、联邦汽车运输安全管理局（FMCSA）、联邦铁路管理局（FRA）、联邦航空管理局（FAA）、海事局（MARAD）、美国国家公路交通安全管理局（NHTSA）等部门，各部门对管辖范围内危险货物运输企业及行为履行行业监管职责。其中，2005 年成立的 PHMSA，主要负责起草、管理、执行《危险品规程》（HMR），避免民众和环境遭受由管道或其他方式运输危险品时可能产生的各种危害；2001 年成立的 FMCSA，主要负责高速公路上 HMR 的执行工作。此外，美国交通运输部负责起草的《美国联邦法规》第 49 篇规定，交通运输部对危险品运输的管理权限委托于美国管道与危险物品安全管理局，执行权委托于各运输管理部门。1995 年 3 月，美国交通运输部正式出版《国家智能运输系统项目规划》，提出了智能运输的 7 大领域和 29 个用户服务功能，其中，应急管理系统主要目标是提高突发事件的报警和反应能力，改善应急反应的资源配置，涉及危化品运输安全的子系统有两个，一是紧急报警与人员安全子系统，二是应急车辆管理子系统。先进的危化品运输车辆主要应用传感、通信和自动控制技术，给驾驶员提供应急状态下车辆避撞等安全保障措施，能够自动识别和预警障碍物，具有自动转向、制动、保持安全距离等避险功能。

1957 年，欧盟编制了专门的国际危险物资道路运输协议（ADR 协议），至 2013 年，协议签署国达到了 48 个，覆盖整个欧洲。随后，联合国将此安全文件作为国际协议在全球推广，目的是要各国统一执行公认的危化品专业运输培训。同时，欧盟 ADR 协议配套文件中，制定了专门的安全路线评价流程指导，给出了危化品运输事故成本承受力测算，包括环境、基础设施和生命代价，并予以打分分级，根据分级选择路线规划对策。通常规划路线会尽量回避人口稠密地区和环境敏感地区，如果必须经过这些地区，要求采取一些强制安全保障措施，例如事先进入该地区时的路检、限时和流量控制等，以确保万无一失。此外，欧盟 ADR 协议对各类危险品及可能安全风险，提出了详尽的处置和防控对策，以及各类风险发生的响应流程。

德国境内公路系统非常发达，周边与其他欧洲国家陆地相连，每年有大量的危险货物道路运输需求。1997 年统计数据显示，德国公路危险货物运输量为 2.71 亿吨，占全部危险货物运输总量的 62%，铁路承担量占比 10%，海运占比 15%，空运接近 1%。德国危险货物运输安全管理，以保护人和动物的生命健康、避免危害公共安全和维护社会稳定为首要目标，建立了完善的公路危险货物运输事故应急系统，配置有专业的危险货物运输事故救灾队伍及各种装备。应急救援装备包括两大类，第一类是全套的常规消防器材和装备，第二类是特殊装备，如防毒面具、过滤器、循环制氧机、消防防化工作服等防护设备，易燃易爆气体或其蒸汽与空气的混合物监测仪、放射性物质检测仪等测量仪，接收液体危险货物容器和堵漏用的密封材料容器，汲取化学处理剂输送器械和软管、泵等。例如，德国 Infraserv 工业园内有 40 多家化工生产企业，每天有大量化工产品通过道路对外运输，为保障进出园内车辆运行安全，设置了专门的机构——Infraserv 安全咨询中心，主要任务是管理、监控进出园区的危险货物运输车辆。同时，在进出危险货物运输车辆的南门设置监控站（规定危化品运输车辆通过南门进出），配备专业人员对进出车辆进行检查。

日本由众多岛屿组成，国土狭长，四周濒临海洋，进出口货物主要通过海洋和航空运输，陆上公路危险货物运输的情况复杂。日本将危险货物的管理权限分别划到多个政府主管部门，并且制定了多部不同的法律、法规。例如，自然资源部仅管理放射性物质运输问题和隧道危险货物运输问题，交通运输管理部门禁止或限制装载有易燃易爆危险货物的车辆通过水下隧道、水边隧道或长度超过 5000 m 的隧道。

1.3.2 国内危化品运输安全管理

近年来，我国化工产业随着国民经济发展已成为支柱产业之一，一些主要化学品的产量位居世界前列，对危化品道路运输需求旺盛，危化品运输行业正处于极速增长的成长阶段。随着运输安全相关法律法规、管理制度不断完善，涉及危化品运输车辆交通事故大幅下降，但危化品道路运输风险高、危害大的客观事实未根本转变，一旦发生事故，可能致使国家和人民群众的生命财产安全和生态环境遭受严重的损失，短时间内对道路正常通行造成极大影响，产生恶劣的社会效应。

危化品运输安全关系到社会经济发展和人民生命财产安全，20世纪80年代以来，国家有关部门按照立法管理与技术管理相结合的思路，结合国际性技术法规制定了系列危化品运输安全管理法规、标准。涉及危化品道路运输环节，先后制定发布了《道路危险货物运输管理规定》(交通运输部令2013年第2号)、《汽车危险货物运输规则》(JT 3130—88)、《汽车运输、装卸危险货物作业规程》(JT 618—2004)、《道路运输危险货物车辆标志》(GB 13392—2023)、《危险化学品安全管理条例》(国务院令第645号)、《机动车运行安全技术条件》(GB 7258—2017)、《危险货物道路运输营运车辆安全技术条件》(JT/T 1285—2020)等国家法规或行业管理标准，对驾驶员、运输车辆、运输企业均作出了安全管理规定。

(1)驾驶员从业资格

1)3年内无重大以上交通责任事故；

2)取得经营性道路旅客运输或者货物运输驾驶员从业资格2年以上或者接受全日制驾驶职业教育的；

3)接受相关法规、安全知识、专业技术、职业卫生防护和应急救援知识的培训，了解危险货物性质、危害特征、包装容器的使用特性和发生意外时的应急措施；

4)经考试合格，取得相应的从业资格证件。

(2)押运员从业资格

1)应当经所在地设区的市级人民政府交通运输主管部门考试合格，并取得相应的从业资格证；

2)从事剧毒化学品、爆炸品道路运输的驾驶员、装卸管理员、押运员，应当经考试合格，取得注明为“剧毒化学品运输”或者“爆炸品运输”类别的从业资格证。

(3)运输车辆

1)危化品运输车最高车速不得超过80 km/h；

2)满足一定条件的危险品运输车所有车轴都要安装空气悬架；

3)N2、N3类危货车(N2类：至少有4个车轮，或有3个车轮，且最大总质量超过3.5吨，但不超过12吨的载货车辆；N3类：至少有4个车轮，或有3个车轮，且最大总质量大于12吨的载货车辆)要求安装液力缓速器或其他辅助制动装置；

4)总质量在12吨左右的危险品运输车应配装EBS(电子制动系统)、ESC(电子稳定性控制系统)、AEBS(自动紧急制动系统)等安全装置。

5)专用车辆应当按照国家标准《道路运输危险货物车辆标志》(GB 13392—2023)的要求悬挂标志。

6)专用车辆应当配备符合有关国家标准以及与所载运的危险货物相适应的

应急处理器材和安全防护设备。

(4)道路运输企业

1)专用车辆及设备要求

①自有专用车辆(挂车除外)5 辆以上;运输剧毒化学品、爆炸品的,自有专用车辆(挂车除外)10 辆以上。

②专用车辆的技术要求应当符合《道路运输车辆技术管理规定》有关规定。

③配备有效的通信工具。

④专用车辆应当安装具有行驶记录功能的卫星定位装置。

⑤运输剧毒化学品、爆炸品、易制爆危险化学品的,应当配备罐式、厢式专用车辆或者压力容器等专用容器。

⑥罐式专用车辆的罐体应当经质量检验部门检验合格,且罐体载货后总质量与专用车辆核定载质量相匹配。运输爆炸品、强腐蚀性危险货物的罐式专用车辆的罐体容积不得超过 20 m^3,运输剧毒化学品的罐式专用车辆的罐体容积不得超过 10 m^3,但符合国家有关标准的罐式集装箱除外。

⑦运输剧毒化学品、爆炸品、强腐蚀性危险货物的非罐式专用车辆,核定载质量不得超过 10 吨,但符合国家有关标准的集装箱运输专用车辆除外。

⑧配备与运输的危险货物性质相适应的安全防护、环境保护和消防设施设备。

2)停车场地要求

①自有或者租借期限为 3 年以上,且与经营范围、规模相适应的停车场地,停车场地应当位于企业注册地市级行政区域内。

②运输剧毒化学品、爆炸品专用车辆以及罐式专用车辆,数量为 20 辆(含)以下的,停车场地面积不低于车辆正投影面积的 1.5 倍,数量为 20 辆以上的,超过部分,每辆车的停车场地面积不低于车辆正投影面积;运输其他危险货物的,专用车辆数量为 10 辆(含)以下的,停车场地面积不低于车辆正投影面积的 1.5 倍;数量为 10 辆以上的,超过部分,每辆车的停车场地面积不低于车辆正投影面积。

③停车场地应当封闭并设立明显标志,不得妨碍居民生活和威胁公共安全。

3)从业人员和安全管理员要求

①专用车辆的驾驶员取得相应机动车驾驶证,年龄不超过 60 周岁。

②从事道路危险货物运输的驾驶员、装卸管理员、押运员,应当经所在地设区的市级人民政府交通运输主管部门考试合格,并取得相应的从业资格证;从事剧毒化学品、爆炸品道路运输的驾驶员、装卸管理员、押运员,应当经考试合格,取得注明为"剧毒化学品运输"或者"爆炸品运输"类别的从业资格证。

③企业应当配备专职安全管理员。

4)健全的安全生产管理制度

①企业主要负责人、安全管理部门负责人、专职安全管理员安全生产责任制度。

②从业人员安全生产责任制度。

③安全生产监督检查制度。

④安全生产教育培训制度。

⑤从业人员、专用车辆、设备及停车场地安全管理制度。

⑥应急救援预案制度。

⑦安全生产作业规程。

⑧安全生产考核与奖惩制度。

⑨安全事故报告、统计与处理制度。

2020年4月1日,《危险货物道路运输营运车辆安全技术条件》(JT/T 1285—2020)发布实施后,新生产及上路的危化品车辆必须采用新的技术标准,车辆安全水平得到了阶段性的显著提高,但此前数量庞大的存量危化品运输车辆大多尚未达到标准,后期加装面临两个方面问题。一方面,车辆改装需要一定的时间进行消化,改装期间车辆无法投入运营,无法保障企业和运输人员营收;另一方面,后期加装需要高昂的费用投入,会进一步诱发运输企业与车企之间的矛盾。

1.4 危化品运输事故风险研究

1.4.1 路段划分与状态识别

(1)基本路段划分

按照危化品运输路线基本路段预测预警交通事故,是开展危化品运输事故风险研究的基础。国内外公路路线基本路段划分方法可分为两类,一类是"硬划分"方法,指依据路线线形指标或固定距离划分基本路段,另一类是"软划分"方法,指依据统计数据划分基本路段。硬划分方法以定长法和不定长法(也称为同质法)为代表,定长法是以公路里程桩为划分依据,将公路路线划分为连续的等长的基本路段;同质法是以线形指标为依据,当连续的路段任一几何线形指标发生变化时,作为当前基本路段的结束,同时作为下一基本路段的开始,将公路路线划分成不可再分的最小路段单元(张心哲 等,2009)。软划分方法主要依据交通事故数据、驾驶员工作负荷、运行速度数据,采用聚类或统计分析方法划分基本路段(吉小进 等,2003;胡江碧 等,2014;Park et al.,2006;姜桂艳 等,2009)。针对硬划分方法无法规避基本路段数据流失或缺乏数据统计意义的问题,以及软划分方法存在基本路段几何特征不显著的缺陷，有学者提出以定长路段进行初次划分，采用“修正截面技术”重新划分路段，即根据相邻路段事故分布情况，适当地移动划分单元截面，找到事故黑点并进行增补（肖慎 等，2003）。此外，通过对路段限速值有序聚类与最短限速距离比较，对硬划分路段进行合并也能够获得基本路段（王晓楠 等，2010）。

美国交互式公路安全设计模型（IHSDM）设计一致性评价时，将路段划分为曲线与非曲线2种线形路段进行分析；此外，美国FHWA在收集相关数据资料基础上，分析了不同纵坡坡度对平曲线线形上车辆运行速度的影响，提出纵坡坡度4%为划分纵坡坡度的阈值，并在IHSDM速度预测模型中进行了应用（Lum et al.，1995）。我国《公路项目安全性评价指南》根据平曲线半径和纵坡坡度的大小对运行速度的影响，将公路路线划分为直线段、纵坡段、平曲线段和弯坡组合段等若干个分析单元，以半径为1000 m、坡度为3%作为高速公路和一级公路不同线形组合路段划分的阈值（华杰工程咨询有限公司，2004）。同济大学在公路路线使用质量评价研究中，选取了平原区二、三级公路为研究对象，通过组合各种不同平曲线半径、纵坡和不同路面宽度，划分了113个基本路段进行行车试验和车速测定（景天然，1991）。西南交通大学针对山区低等级公路坡度长、半径小的特点，提出纵坡坡度小于3%的直线段和半径大于300 m的大半径曲线自成一段，纵坡坡度大于3%作为纵坡段，半径小于300 m的小半径曲线为平曲线段，考虑平纵组合段的安全特点，适当增加坡度范围，将纵坡坡度大于2%、坡长大于300 m的纵坡路段作为平纵组合段（宋涛，2007）。针对高速公路基本路段划分问题，北京工业大学从驾驶安全舒适性角度，提出基于不同线形组合路段驾驶工作负荷度变化特性的高速公路不同线形组合路段划分标准（胡江碧等，2010）；进一步对双车道公路不同线形组合路段，引入驾驶员驾驶工作负荷理论和驾驶工作负荷度计算模型，确定了满足驾驶安全舒适性的平曲线半径和纵坡坡度划分阈值，提出了基于驾驶工作负荷度的双车道公路不同线形组合路段划分标准（胡江碧 等，2014）。

（2）交通状态识别

根据已有研究成果，交通状态可划分为畅通和拥挤状态（Herman，1979），并以这两类交通状态为基础进一步细分为自由流、密集流、拥堵流和阻塞流等多种类型（董春娇，2011）。交通状态识别过程主要依据交通流量、速度、占有率、密度、排队长度、饱和度等交通参数，一般采用聚类分析方法划分交通状态（黄艳国 等，2015；陈钊正 等，2018；Lindley，1987）。传统的聚类分析方法均假定所有样本及其特征具有一致性，忽略了交通运行参数样本及特征对聚类结果的影响。针对模糊C均值聚类算法（FCM）理想化的假设条件进一步提出了多属性加权的改进聚类算法，主要采用样本概率分布和最大熵原理确定权重值。典型做法是采用信息熵确定每个交通状态评价指标的权重(曹洁 等，2018)，或根据交通参数数据的相似性，构建交通参数评价函数，通过最优化方法对交通参数权重求解获得权值(张亮亮 等，2014)。样本与特征双加权聚类算法的提出，以及在图像识别等领域的应用，弥补了样本及特征对聚类结果影响的缺陷，也为解决传统 FCM 聚类算法在交通状态识别应用中的弊端提供了路径(林甲祥 等，2018；刘强 等，2011；曹喆，2014)。

依据 1996 年 1 月 1 日实施的公共安全行业标准《道路交通阻塞度及评价方法》(GA 115—1995)，公路交通阻塞定义为公路交通受车辆过度密集、交通事故、工程施工、违法行为等原因，导致车辆延误增大和排队长度加长的状态。公路交通阻塞度划分为阻塞和严重阻塞，阻塞度评价指标包括交叉路口和路段两部分。

公路交叉路口阻塞度评定指标：车辆在交叉路口外车行道受阻排队长度超过 500 m 的为阻塞；排队长度超过 800 m 的为严重阻塞。

公路路段阻塞度评定指标：车辆在车行道受阻排队长度超过 2000 m 的为阻塞；排队长度超过 3000 m 的为严重阻塞。

以交叉路口、路段阻塞率作为道路交通阻塞的评价指标，其计算公式为

$$\text{交叉路口阻塞率}=\frac{\text{阻塞交叉路口数}}{\text{交叉路口数}}\times 100\%$$

$$\text{路段阻塞率}=\frac{\text{阻塞路段数}}{\text{道路条数}}\times 100\%$$

1.4.2 交通事故预测

危化品运输路线交通事故预测，是对运输路线交通运行中可能导致事故发生的原因、次数、经济损失、死亡人数、道路所处的风险状态的变化趋势或状态进行科学的推测与判断。常用交通事故预测方法，包括时间序列预测法、灰色预测法、神经网络法、回归分析法、马尔可夫预测法(王楠，2010)。

(1)时间序列预测法

交通事故时间序列预测，从分析时间序列的变化特征等信息中选择适当的模型和参数建立预测模型，并根据惯性原则假定预测对象以往的变化趋势会延续到未来，进而作出预测。该方法的明显特征是所用数据必须是有序的，预测精度偏低，通常要求研究系统相当稳定，历史数据量大，数据分布趋势较明显(冯肇瑞，1993)。

(2)灰色预测法

灰色预测是应用灰色模型 GM(1,1)对灰色系统进行分析、建模、求解、预测

的过程。灰色预测的重要特点是模型使用生成的数据序列,即灰色预测使用的数据是经过还原后的数据,或者通过生成数据的灰色模型得到的预测值必须进行逆生成处理。由于灰色建模理论应用数据生成手段,弱化了系统的随机性,使紊乱的原始序列呈现某种规律,规律由不明显变得明显,建模后还能进行残差辨识,即使较少的历史数据,任意随机分布也能得到较高的预测精度。

(3)神经网络法

神经网络是模仿生物神经网络功能的一种经验模型,输入和输出之间的变换关系一般是非线性的。该方法利用神经网络的非线性特性将问题的特征反映在神经元之间相互联系的权值中,实际问题特征参数输入后,通过神经元网络清晰的逻辑关系,利用过去时刻的值表达未来时刻的值(沈斐敏,2007)。

(4)回归分析法

回归分析法是因果分析中常用的一种方法,以事物发展的因果关系为依据,抓住事物发展的主要矛盾因素和它们之间的关系,建立数学模型进行预测。该方法的缺点是需要使用大量的原始统计资料建立模型,且当考虑的对象复杂时难以确定其因果关系,容易造成虚假的相关关系(刘清 等,2009)。

(5)马尔可夫预测法

1870 年俄国有机化学家马尔可夫(Markov)提出马尔可夫模型,1906 年发表了《大数定律关于相依变量的扩展》,为 1907 年提出马尔可夫链奠定了理论基础。马尔可夫预测法是通过研究系统对象的状态转移概率进行预测的。如果事物每次状态的转移只与相互接引的前一次有关,而与过去的状态无关,则称这种无后效性的状态转移过程为马尔可夫过程。具备这种时间离散、状态可数的无后效随机过程称为马尔可夫链。通常用概率计算和分析具有随机性质的马尔可夫链状态转移的各种可能性,预测未来特定时刻的状态。采用马尔可夫理论预测交通事故,多结合灰色理论建立灰色马尔可夫组合预测模型,既发挥灰色系统预测精确的特点,又兼顾马尔可夫链对准确预测波动性数据的优势,能够有效提高交通事故预测精度和适用条件。

综合灰色预测对于有一定规律且变化率较小的数据序列预测精度较高,以及马尔可夫预测适合原始数据起伏变化的系统进行预测的优势,国内外学者构建了灰色马尔可夫预测建模步骤,并进一步设计了求解算法(林岩 等,2013;王星 等,2017;钱卫东 等,2008)。为提高交通事故预测精度,在灰色预测所得指数曲线的基础上,应用马尔可夫预测缩小预测区间,进而提高事故预测精度,实例分析结果证明,灰色马尔可夫模型的预测精度优于 GM(1,1)模型的预测精度(李相勇,2004)。随着研究的深入,灰色马尔可夫预测方法在不断改进和完善。例如,打破“以最大概率所处的位置作为未来的发展状态”这一固定思路,结合未来不同状态的可能性和各种状态的实际发生数量，来确定未来时刻事故数的预测值（钱卫东 等，2008）；通过引入灰色系统模型 SCGM(1,1)拟合道路交通时序数据的总体趋势，提出了一种用于道路交通事故次数预测的灰色加权马尔可夫 SCGM(1,1)模型（赵玲 等，2012）。此外，基于历年道路交通事故统计数据，采用灰色马尔可夫预测模型对未来时刻的事故数量进行了实证研究（王妍，2009）。

1.4.3 事故风险评估

通过调查 1926—1997 年发生在意大利境内的 3222 起涉及危化品的事故发现，41%的事故发生在运输环节（Fabiano et al.，2002）。自 20 世纪 20 年代以来，国内外危化品行业管理部门及相关领域专家学者，在危化品运输环节事故风险评估的方法研究和应用方面均取得了丰富的成果。

(1)国外研究现状

事故风险评估方法研究。Bubbico 等（2000）提出了基于个人风险和社会风险的液化石油气（LPG）道路与铁路运输风险分析方法，引用 F-N 曲线对 LPG 道路和铁路运输带来的个人风险和社会风险进行分析，为运输沿途的个人和部门提供了风险判别依据。该方法的局限是需要大量的事故统计数据支撑，才能确定各事故的发生频率。

事故风险评估应用。1964 年美国道化学公司根据化工生产的特点，开发了危险化学品运输火灾、爆炸危险指数评价法，用于对化工装置进行风险评价，该法经过 6 次修订，现在已发展到第七版。该评价法以重要危险化学品运输在标准状态下的火灾、爆炸或释放出危险性潜在能量大小为基础，同时考虑工艺过程的危险性，计算单元火灾爆炸指数，确定危险等级。该评价法日趋科学、合理，在世界工业界得到一定程度的应用，引起各国的广泛研究、探讨，推动了评价方法的发展（Lang，1995）。1974 年英国帝国化学公司蒙德部在道化学公司火灾、爆炸指数评价法的基础上引进了危险化学品运输毒性概念，并发展了补偿系数，提出了蒙德火灾、爆炸、毒性指标评价法（Thomson，1998）。1976 年日本劳动省颁布了化工企业六阶段评价法，该法采用了一整套系统安全工程的综合分析和评价方法，使化工厂的安全性在规划、设计阶段就能得到充分的保障。2002 年欧盟明确提出将危险化学品的登记及风险评价作为政府的强制性指令（Cassini，1998）。

(2)国内研究现状

20 世纪 80 年代以来，国内危化品运输企业在管理实践中逐步推广应用事故风险评估方法。

事故风险评估应用。目前，危化品运输企业广泛采用安全检查表形式进行事故风险评估，重点对风险管理制度、风险管理组织、从业人员要求等方面进行定性检查，检查结果以“有”“无”为判定标准。而对于事故风险管理制度是否适合于企业的发展现状、是否根据企业发展情况定期修订，安全生产责任制及各项安全管理规章制度是否得到落实、实施效果如何，管理员是否掌握最新的风险管理动态、风险管理方法的应用水平等未进行针对性评估及评价。

事故风险评估方法研究。危化品运输路线事故风险评估步骤，与通用的定量风险分析类似，主要划分为 5 个步骤。第一步危险性初步分析，包括定义风险评估范围、精度要求，辨识危险因素和识别初始事件；第二步事故风险场景分析，包括识别事故产生的作用力及事故形态；第三步事故概率分析，包括估计各类危化品事故发生的条件概率，以及事故后果分析中的条件概率；第四步事故后果分析，包括危化品特性、流体的泄漏和扩散分析，以及估算暴露人群；第五步事故风险评估，包括估算风险值，建立风险等级划分标准，判断风险可接受性(庄英伟，2004)。典型的危化品运输路线安全风险评估方法，是基于事故概率与事故后果的风险表达式，进一步将事故概率分解为交通事故率、非交通事故率和事故黑点，事故后果包括人员死亡、车辆损失和道路损失三部分(贾红梅 等，2011)。危化品运输过程中引发的事件类型和潜在后果如表 1.5 所示(刘茂 等，2005)。

表 1.5　危化品运输过程中引发的事件类型和潜在后果

风险	引发事件		潜在后果
	事故	非事故	
泄漏原因	碰撞	腐蚀	对沿线公众的健康影响
	火灾和爆炸	冶金学失效影响	毒气影响
	倾覆	超压	热影响
罐车	物料失控	结构缺陷	超压影响
	容器掉落	第三方影响	放射性影响
		安全阀失效	环境影响
ISO 容器	—	超载	道路损坏
鼓形圆桶	—	爆破片失效	汽车损坏

1.4.4　事故风险防控

危化品运输路线事故风险防控是社会治安防控的重点任务之一，也是公安交管部门、交通部门正在建设的公路交通安全防控体系的重要组成部分。自 20 世纪 60 年代起，随着通信及控制技术的发展，相关技术广泛应用于危化品运输安全领域。最具代表性的应用是在危化品运输车辆上安装全球定位系统(GPS)，以及视频监控和语音交互系统，对运输车辆运行状态、驾驶员行为进行实时监控，对可能引发事故的危险行为自动预警提示，监控中心可远程在线与驾驶员进行实时交互，发布预警信息和调度指令。20世纪70年代，欧盟、日本等以立法的形式，在危险货物运输车甚至部分客车上强制安装、使用安全行车记录仪——“电子警察”，澳大利亚、新西兰等国也对全部从事营运的货车、客车强制安装了安全行车记录仪(吴宗之 等，2014)。

我国为解决危化品运输车辆事故问题，坚持“安全第一、预防为主、综合治理”的方针，制定了系列法律法规和部门规章，从政府监管部门到企业建立了较完备的技术监管手段和管理办法。2010年，交通运输部组织的全国重点营运车辆联网联控系统上线运行，实现了全国范围内危化品车辆动态信息的跨区域、跨部门信息交换和共享。2011年，交通运输部、公安部、国家安全生产监督管理总局、工业和信息化部要求危化品运输企业为危化品车辆安装卫星定位装置，并接入全国重点营运车辆联网联控系统。各地根据辖区内运输路线两侧人口分布、应急救援能力、运输车辆停靠和装卸货物便利性等因素，遵照现行危化品道路运输相关法律法规，制定了更加细化的限制通行管理措施。

针对重大节假日和春运高峰期间高速公路危险货物运输车辆安全通行问题，2023年，广东省公安厅、广东省生态环境厅、广东省交通运输厅、广东省应急管理厅、广东省市场监督管理局联合印发了《关于2023年重大节假日和春运高峰期间高速公路禁止危险货物运输车辆通行的通告》，明确了危险货物运输车辆禁止通行时段：

1)元旦假期：2022年12月31日00时至2023年1月2日24时。

2)春运和春节假期：2023年1月15日00时至1月18日24时；1月25日00时至1月27日24时。

3)清明节假期：2023年4月3日00时至4月5日24时。

4)劳动节假期：2023年4月29日00时至5月3日24时。

5)端午节假期：2023年6月22日00时至6月24日24时。

6)中秋节和国庆假期：2023年9月29日00时至10月1日24时；10月5日00时至10月6日24时。

河南、河北、山西、陕西、吉林等省规定，重大节假日期间(清明节、劳动节、端午节、中秋节、国庆节)，省域范围内高速公路全天禁止危险货物运输车辆通行。

此外，各地市结合危化品车辆通过安全需求，制定了分段分时限行管理措施。例如，深圳市区对危险货物运输车辆实施限时通行管理：

1)每天00时至24时，禁止危险货物运输车辆在全市长隧道、特长隧道通行。

2)每天00时至24时，禁止危险货物运输车辆在外环高速长圳收费站出口东转南匝道上通行。

3)每天 01 时至 06 时,禁止非深圳核发号牌危险货物运输车辆在全市除高速公路以外的所有道路通行。

武汉市区载运危险化学品,应当经公安机关交通管理部门批准后,按指定的时间、路线、速度行驶,悬挂警示标志并采取必要的安全措施,不得超载、超限、超速:

1)本埠危险化学品运输车辆每天 07 时至 22 时禁止通行三环线(不含)区域内道路。

2)外埠危险化学品运输车辆全天禁止通行三环线(含)及区域内道路。

3)危险化学品运输车辆每天 00 时至 06 时禁止通行本市高速公路。

无锡市区危化品运输车辆通行管理要求如下:

1)危化品运输车辆运输危险货物时,运输企业按交通运输管理部门的规定制作危险货物电子或纸质运单,并交由驾驶员随车携带。

2)危化品运输车辆全天禁止驶入危化品运输车辆限制通行区域,21 时至次日 07 时允许空车驶入,但不得驶入载货汽车全天禁止通行道路。

3)危化品运输车辆需驶入通行限制区域的,应提前向公安机关申请通行路线,按照公安机关批准的通行路线及时间通行。

第2章　危化品运输路线交通状态识别技术

危化品运输路线交通运行状态，是表征危化品运输动态环境状况的重要指标，也是影响安全风险等级及演化规律的要素之一。融合危化品运输路线浮动车数据、路侧感知设备、重点车辆监管平台等多源数据，及时准确识别当前交通状态，为构建短时段或长时段事故风险预测模型提供关键变量输入，提高事故风险预测结果的精准度。本章内容是在划分危化品运输路线基本路段基础上，选取交通流量、平均速度、空间占有率3个交通参数，提出基于样本和特征双加权FCM的交通状态识别方法，划分交通运行状态为自由流、拥堵流和阻塞流3种类型，选取北京市西五环晋元桥至石景山路出口段进行实证，进一步验证交通状态识别模型的有效性与计算效率。

2.1　数据采集与处理

2.1.1　数据来源与类别

(1)数据来源

危化品道路运输是利用专用车辆在道路运输路线上运送石油化工品、炸药、鞭炮等对人体及周边环境具有危害的易燃易爆或毒性物质的过程。由于危化品道路运输的高风险特性，从国家法律和行业规定，到企业管理制度及运输安全相关的标准规范，均对危化品运输环节实时监控和数据采集做了全面的规定，为危化品运输安全数据获取提供了法律依据。由此，应急管理、交通、公安等行业监管部门在落实运输安全管理职责，以及企业主体实施运输服务过程中产生的大量数据，以及路侧端和车辆端先进科技装备的应用，为危化品运输安全风险管控技术研究提供了基础数据源。

1)运输安全管理数据

危化品运输企业从事危化品运输经营，须满足国家和行业管理部门制定的准入条件，运输服务过程中履行安全管理主体责任。危化品运输安全管理数据来源如表 2.1 所示。

表 2.1　危化品运输安全管理数据来源

序号	数据采集依据		数据源
1	法律、法规	《中华人民共和国道路交通安全法实施条例》(2017)第十四条，用于公路营运的载客汽车、重型载货汽车、半挂牵引车应当安装、使用符合国家标准的行驶记录仪	重型载货危化品运输车辆行驶记录仪数据
2	行业规定	《道路危险货物运输管理规定》(2023)第八条，运输剧毒、爆炸、易燃、放射性的危险货物的，应当具备罐式车辆或箱式车辆、专用容器，车辆应当安装行驶记录仪或定位系统。第四十一条，道路危险货物运输企业或单位在运输危险货物时，应当遵守有关部门关于危险货物运输线路、时间、速度方面的有关规定	行驶记录仪数据；GPS/北斗定位数据；运输路线、时间、速度规定
		《关于加强危险化学品道路运输安全管理的紧急通知》第四项第(五)条，危险化学品运输单位车辆安装的 GPS 要符合《危险化学品汽车运输安全监控车载终端》(AQ3004—2005)要求，……，建立危险化学品道路运输安全监控平台，共享监控资源，对危险化学品运输车辆进行实时动态监控	车辆运行 GPS 数据；安全监控平台数据
3	行业规范	《机动车运行安全技术条件》(GB 7258—2017)，8.6.5 危险货物运输货车应装备具备记录、存储、显示、打印或输出车辆行驶速度、时间、里程等车辆行驶状态信息的行驶记录仪	行驶记录仪数据：车辆行驶速度、时间、里程等车辆行驶状态信息
		《危险化学品汽车运输安全监控系统通用规范》(AQ 3003—2005)	车辆定位、车辆安全状态、行驶路线与区域、报警与调度信息
		《危险化学品汽车运输安全监控车载终端》(AQ 3004—2005)	
4	企业制度	《企业危险品运输车辆管理制度》《企业危化品运输车辆道路交通安全管理制度》	定人定车：专用车辆指定专职驾驶员，对车辆的行车安全与技术状况负责

2)运输安全监管数据

应急管理、交通运输、公安、质检等行业管理部门按照各自职责分工对危化品生产、储存、运输、装卸等环节实时安全监管。危化品运输安全监管数据来源如表 2.2 所示。

表 2.2　危化品运输安全监管数据来源

管理部门	数据采集依据	数据源
应急管理	《危险化学品安全管理条例》(2013)，安全生产监督管理部门负责核发危险化学品安全生产许可证、危险化学品安全使用许可证和危险化学品经营许可证，并负责危险化学品登记工作	危化品运输企业源头安全管理数据，包括生产、装载等数据

续表

管理部门	数据采集依据	数据源
交通运输	《危险化学品安全管理条例》(2013)，交通运输主管部门负责危险化学品道路运输企业、水路运输企业驾驶员、船员、装卸管理员、押运员、申报员、集装箱装箱现场检查员的资格认定。《中华人民共和国公路法》(2017)第八条，县级以上地方人民政府交通主管部门主管本行政区域内的公路工作。公路工作主要包括公路建设、养护、管理	危化品道路运输企业、从业人员资格、数量、属性等数据。运输路线线形、安全设施特征等环境数据
公安交管	依据《中华人民共和国道路交通安全法》(2021)第五条，公安机关交通管理部门负责道路交通安全管理工作；第二十九条，公安机关交通管理部门发现已经投入使用的道路存在交通事故频发路段，或者停车场、道路配套设施存在交通安全严重隐患的，应当及时向当地人民政府报告，并提出防范交通事故、消除隐患的建议	车辆年检数据；驾驶员违法数据；道路隐患数据
质检	《危险化学品安全管理条例》(2013)，质量监督检验检疫部门负责核发危险化学品及其包装物、容器(不包括储存危险化学品的固定式大型储罐)生产企业的工业产品生产许可证，并依法对其产品质量实施监督	危险化学品及其包装物、容器质监数据
工商	《危险化学品安全管理条例》(2013)，工商行政管理部门依据有关部门的许可证件，核发危险化学品生产、储存、经营、运输企业营业执照，查处危险化学品经营企业违法采购危险化学品的行为	危化品生产、储存、经营、运输企业营业资格数据

3)科技装备数据

行业监管部门和企业除履行危化品运输安全法律法规和标准规范等管理规定产生的数据外，不断引入和升级智能科技装备，增强安全相关数据采集处理能力。例如，布设在公路路侧的智能视频和雷达，以及危化品运输车辆驾驶室内或车身的智能视频，能够实时采集行驶路段交通环境、道路环境、车辆行驶状态、天气实况、驾驶员行为等数据。危化品运输安全科技装备数据来源如表 2.3 所示。

表 2.3　危化品运输安全科技装备数据来源

<table>
<tr><th>序号</th><th colspan="2">科技装备</th><th colspan="2">数据源</th></tr>
<tr><td rowspan="3">1</td><td rowspan="3">智能视频监控</td><td>路侧</td><td>1)交通流量、行车速度、交通密度；2)车辆类型；3)交通违法；4)停车、压线、货物抛洒、起火、车辆驶离等事件信息</td><td rowspan="5">1)同时布设可实现数据相互补充和验证，保障数据的完整和可靠性；2)视频适用晴好天气，雷达适用于全天候条件</td></tr>
<tr><td>驾驶室内</td><td>驾驶员疲劳、分心驾驶等行为</td></tr>
<tr><td>车身</td><td>车辆运行状态、道路环境</td></tr>
<tr><td rowspan="2">2</td><td rowspan="2">雷达</td><td>路侧</td><td>1)交通流量、行车速度、交通密度；2)车辆类型；3)交通违法</td></tr>
<tr><td>车身</td><td>1)行车速度；2)前后车距；3)车辆类型</td></tr>
</table>

(2)数据类别

依据危化品运输路线交通事故预测及风险评估预警建模的数据需求,结合数据源属性,将基础数据划分为静态数据和动态数据两大类。

静态数据主要包括危化品运输主体、运输路线道路环境,以及运输路线历史交通事故、交通违法数据。其中,危化品运输主体是指运输介质、运输车辆类型及其驾驶员和押运员;运输路线道路环境是指运输车辆行经道路线形和安全隐患、气象条件等影响行车安全的要素。危化品运输路线静态数据内容如表 2.4 所示。

表 2.4　危化品运输路线静态数据内容

序号	类别		内容
1	运输主体	车辆	箱式、罐式、车牌、核定吨位
		驾驶员、管理者	驾龄、违法记录、安全/应急管理人联系方式、监控平台联系人及联系方式
		运输介质	品类、出发地、目的地、泄漏危害
2	路线环境	道路线形	平面线形、纵断面线形、横断面
		安全隐患	急弯、陡坡、长下坡、临水临崖等路段
		周边环境	水源地、村庄、人口集散地、重要设施等

动态数据主要包括运输企业监控平台数据、运输路线视频监控和雷达监测数据。危化品运输路线动态数据内容如表 2.5 所示。

表 2.5　危化品运输路线动态数据内容

序号	类别		内容
1	企业监控平台	驾驶员行为	1)驾驶疲劳;2)抽烟;3)接打电话;4)左顾右盼;5)眨眼次数;6)急打方向;7)急刹车
		车辆运行状态	1)位置坐标;2)方位角;3)重心高度;4)速度;5)点火;6)熄火
		交通违法/高风险行为	1)车道/路线偏离;2)前车碰撞预警;3)超速
2	路线视频与雷达监测	交通状态参数	1)流量;2)车流速度;3)密度;4)占有率;5)排队长度;6)畅通;7)缓行;8)拥堵
		突发事件识别	1)异常停车;2)车辆慢行;3)车辆变线;4)车辆逆行;5)占用应急车道;6)驶入快车道;7)路口滞留;8)异常驶离;9)火灾;10)抛洒物等事件

2.1.2　数据异常识别与修复

危化品运输路线动态数据具有非线性、不确定性和实变特性。当发生不利天气、交通拥堵或事故等突发事件时，数据采集设备因自身固有的缺陷、硬件故障、数据传输设备故障以及采集设备的损坏等原因而产生数据质量问题，将出现采集数据缺失及数据错误的情况，异常数据一般表现为数据噪声、异常值、部分数据缺失等，这些异常值作为数据集中的离群点，不具有代表性，对数据计算结果产生无法预知的影响。因此，应用动静态基础数据进行交通风险预测预警和风险防控决策前期需要核验原始数据，对可能存在缺失、错误、冗余等异常数据进行识别和校正（曲腾狡，2016）。

（1）异常数据识别

1）数据缺失和冗余识别。为客观反映交通运行态势和保障事故预测的时效性，正常工作情况下，交通检测设备按照预设的 10 s、30 s、1 min、2 min、5 min 等时间间隔采集数据，实际运行过程中受设备自身和外界环境变化影响，如果采集终端上传信息处理系统的数据时间间隔与预设间隔不符，则某个或多个时段内存在数据缺失，或者某个时段内出现若干组数据的缺失。例如，交通检测设备设定 1 min 采集 1 次数据样本，则该检测器 1 天正常采集 1440 条数据，多采或少采表明数据有冗余、缺失。识别某一时段内数据缺失或冗余，可逐个扫描数据采集时刻，通过对比找出某一时刻没有获取到数据或多于 1 组的数据，由此判定该时刻采集的数据存在缺失或者冗余问题。数据缺失和冗余识别方法如图 2.1 所示。

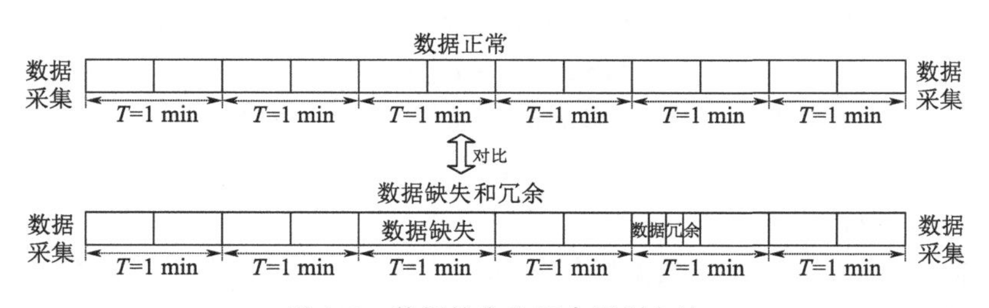

图 2.1　数据缺失和冗余识别方法

2）数据错误识别。错误数据一般是指交通检测设备故障等原因引起的实测数据不符合正常的数据生成机理或超出了正常取值范围的数据。本书采用阈值理论识别错误数据，阈值理论是指危化品运输交通安全数据不能超过一定的阈值范围，其首要问题是确定各类采集数据的临界阈值。例如，单车道交通流量数据最大值不能超过其理论通行能力，行车速度不能超过车辆自身最高车速。以检测器采集的交通流量数据为例，通过构建数据采集时间间隔与数据离散程度之间的关系函数，确定交通流量的最大阈值步骤如下：

①定义路段交通流量 q_d 的数值区间为

$$0<q_d<f_c \cdot C \cdot T/60$$

式中：C 为道路通行能力(veh/h)；T 为数据采集的时间间隔(min)；f_c 为修正系数，由于短时间内可能出现交通流量超出道路通行能力的情况，一般取1.3～1.5。

②构建数据采集间隔与数据离散程度关系函数。采用指数函数拟合数据采集间隔与数据离散程度发现，数据采集间隔与数据离散程度呈负相关，即采集时间间隔越小，数据波动性越显著，表明阈值区间上下限差值越大；反之，采集时间间隔越大，数据波动幅度越小，表明阈值区间上下限差值越小。数据离散程度可用采集数据与Tukey平滑处理的均方误差表示，Tukey平滑处理过程如下：

(a)利用时间序列参数 $y(i)$ 构造一个新序列 $y'(i)$，即取 $y(k-2), y(k-1), \cdots, y(k+2)$ 的中位数作为 $y'(k)$。

(b)用相同方法在 $y'(k)$ 相邻的3个数据中选取中位数构造新序列 $y''(i)$。

(c)将序列 $y''(i)$ 按照下述方法构造新序列 $y'''(i)$：

$$y'''(i)=\frac{1}{4}y''(i-1)+\frac{1}{2}y''(i)+\frac{1}{4}y''(i+1)$$

则采集数据与Tukey平滑处理的均方误差如下式所示：

$$\mathrm{RMSE}=\sqrt{\frac{\sum_{i=1}^{n}[y(i)-y'''(i)]^2}{n}}$$

采用指数函数拟合均方误差RMSE与数据采集间隔 T，表示为

$$\mathrm{RMSE}(T)=a \cdot \mathrm{e}^{-b \cdot T}$$

式中：a、b 为正值的参数。因此，最大流量阈值 q_d 如下式所示：

$$q_d=C+\mathrm{RMSE}(T)$$

(2)异常数据修复

目前，国内外关于异常数据修复的理论方法很丰富，基本原则是在符合实际情况的条件下，尽可能保持基础数据的完整性与真实性。结合危化品运输路线基础数据特性，本书采用插值法和基于灰色GM(1，N)模型对异常数据进行修复。

插值法主要用于填充危化品运输路线动态交通数据中的缺失值，即寻找一个合理的数值替代原本缺失的数值。基本思想是利用历史数据的平均值或者最邻近的 N 个观测值来代替缺失值，使系统的测量值处于稳定和可靠的状态，增加观测序列的相关性，但可能引起数据偏差的产生，破坏数据的时空特性。由于插值法简单且高适用性优势，依然被广泛应用，采用离线插值法和在线插值法修复缺失的数据。

1)离线插值法。设 N 为危化品运输路线某路段上存在的数据采集设备总数,$x(i,t_k)$表示 i 采集设备在 t_k 时刻检测到的数据异常值,则在空间维度上计算替代值的公式为

$$x^1(i,t_k)=\begin{cases}x(a,t_k) & (i=1)\\ x(i-1,t_k)+\dfrac{i}{a-(i-1)}x(a,t_k) & (1<i<N)\\ x(i-1,t_k) & (i=N)\end{cases} \tag{2.1}$$

同理,在时间维度上计算替代值的公式为

$$x^2(i,t_k)=\begin{cases}x(i,t_a) & (t_k=t_1)\\ x(i,t_{k-1})+\dfrac{t_k-t_{k-1}}{t_a-t_{k-1}}x(i,t_a) & (t_1<t_k<t_p)\\ x(i,t_{k-1}) & (t_k=t_p)\end{cases} \tag{2.2}$$

式中:$x^1(i,t_k)$为空间维度上异常值的替代值;$x^2(i,t_k)$为时间维度上异常值的替代值;a 为 t_k 时刻下游第一个数据采集装备,并且有效;t_a 为采集装备 i 采集的第 1 个有效数据;t_1 为初始时刻;t_p 为结束时刻。

因此,该异常数据的最终替代值 $x^z(i,t_k)$应该选择 $x^1(i,t_k)$、$x^2(i,t_k)$两者中的较小值,即

$$x^z(i,t_k)=\min[x^1(i,t_k),x^2(i,t_k)] \tag{2.3}$$

2)在线插值法。在线状态下式(2.2)无法适用,可应用时间序列预测方法进行数据修复,采用指数滤波法对异常数据进行替代:

$$x^2(i,t_k)=f(i,t_{k-1})+\alpha[x(i,t_{k-1})-f(i,t_{k-1})] \tag{2.4}$$

式中:α 为平滑指数,取值为 $[0,1]$,通常情况取 0.3。

在线插值法与离线插值法的不同之处,在于对时间维度替代值的求解方法,利用式(2.1)、(2.3)、(2.4)修复缺失的数据。

2.2 基本路段划分

危化品运输路线主要由公路的直线段、曲线段、上/下坡段,以及桥梁、隧道等特殊构造物段构成,不同类型路段的交通安全运行特性以及安全管理措施存在显著差异;同时,不同线形衔接段存在交通事故集中的情况。由于危化品运输路线构成路段线形及安全特性存在显著差异,因此,划分具有相似特性的最小路段单元是应用检测器采集数据预测事故和评估风险的基础,危化品运输路线基本路段划分的本质是将具有相近特性的路段作为同一基本路段,同时满足几何特征与数

据统计规律的相似性。本章在按照危化品运输路线线形指标划分路段单元的基础上,应用交通事故数据进一步叠加动态聚类算法划分事故特征相近的路段单元,再对路段单元进行分割合并生成基本路段,以京昆高速北京段为例验证方法的可行性和科学性(孙广林,2020)。

2.2.1 路段单元硬划分

路段单元硬划分,是采用同质法划分危化品运输路线为不可再分的路段单元,当连续的路段任一几何线形指标发生变化时,作为当前路段单元的结束,同时也是下一路段单元的开始,依次划分为最小路段单元。按照路线几何线形特征,与基本路段划分相关的线形指标包括平面线形、纵断面线形,以及平纵组合线形,公路路线线形特征及路段单元划分结果如图 2.2 所示。

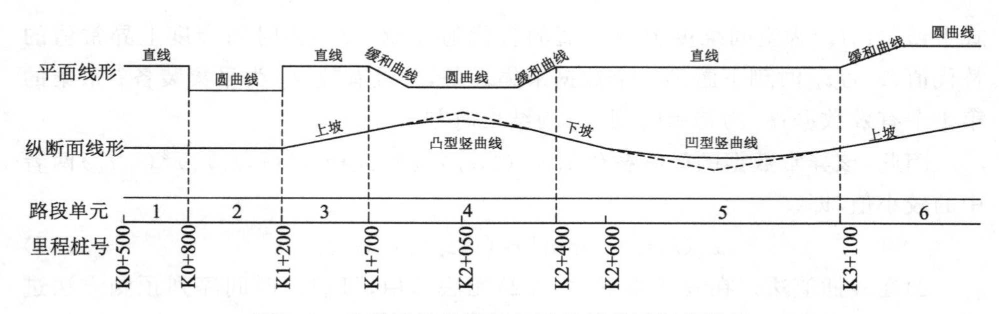

图 2.2 公路路线线形特征及路段单元划分结果

此外,平面交叉口、互通式立交桥、隧道路段也是公路路线的必要组成部分,并具有特殊的交通安全特性,作为独立的基本路段单元处理,不参与路段分割合并。危化品运输路线路段单元类型如表 2.6 所示。

表 2.6 危化品运输路线路段单元类型

序号	基本路段类型	序号	基本路段类型
1	直线路段	7	平曲线和上坡组合路段
2	平曲线路段(缓和曲线、圆曲线)	8	平曲线和下坡组合路段
3	直线和上坡组合路段	9	平曲线和凸型竖曲线组合路段
4	直线和下坡组合路段	10	平曲线和凹型竖曲线组合路段
5	直线和凸型竖曲线组合路段	11	互通式立交桥、隧道路段
6	直线和凹型竖曲线组合路段	12	平面交叉口

为保证同类路段单元的线形指标具有相近性，同时兼顾路段单元长度的合理性，参考我国现行基本路段划分有关标准，确定危化品运输路线路段类型划分标准：

(1)直线路段为平直路段，或平曲线半径大于1000 m，并且纵坡坡度小于3%的路段；

(2)平曲线路段为半径小于1000 m的小半径曲线段；

(3)上坡路段为纵坡坡度大于3%，坡长大于300 m的路段；

(4)下坡路段为纵坡坡度小于−3%，坡长大于300 m的路段。

2.2.2　路段单元软划分

按照路段线形单一指标对危化品运输路线进行硬划分，一方面，存在将交通事故特征相似路段割裂为多个路段单元，造成事故数据流失的问题；另一方面，存在部分路段单元未发生交通事故，不具有事故统计意义的问题。由此，利用交通事故数据对危化品运输路线实施软划分，即在路线硬划分基础上获得间断的事故特征相似的路段单元，进一步依据软划分结果分割合并硬划分路段单元，能够同时满足基本路段几何特征与数据统计规律的相似性。

危化品运输路线路段单元软划分，依据历史交通事故数据，按照事故发生水平接近原则划分路段单元。本章应用动态聚类算法对运输路线进行初步分类，再按照最优准则进行修正，直至获得合理分类结果。该过程能够有效规避计算量大和过程复杂的问题，具有显著的适用性。应用动态聚类算法实施路段单元软划分步骤如下：

(1)选取欧式距离作为路段单元之间相似性度量类型。

(2)选取误差平方和小于预定值作为动态聚类的最优准则函数。

(3)采用最小最大法确定动态聚类中心，确定动态聚类中心的目的是将总体样本分为n类。首先选取总体样本中距离最远的两个样本x_{i_1}、x_{i_2}作为前两个聚点，两聚点间距离d满足式(2.5)：

$$d(x_{i_1},x_{i_2})=d_{i_1 i_2}=\max\{d_{ij}\} \tag{2.5}$$

当样本x_{i_3}满足与前两个聚点之间的较小距离中最大时，则选为第三个聚点，第三个聚点x_{i_3}满足式(2.6)：

$$\min\{d(x_{i_3},x_{i_r}),r=1,2\}=\max\{\min[d(x_j,x_{i_r}),r=1,2],j\neq i_1,i_2\} \tag{2.6}$$

第四个至第n个聚点的选择依据递推公式(2.7)确定，即若选取了k个聚点，则$k+1$个聚点应满足：

$$\min\{d(x_{i_{k+1}},x_{i_r}),r=1,2,\cdots,l\}=\max\{\min[d(x_j,x_{i_r}),r=1,2,\cdots,n],j\neq i_1,\cdots,i_r\} \tag{2.7}$$

动态聚类迭代的迭代过程如下：

1)设 n 个初始聚类中心的集合为

$$L^{(0)}=\{x_1^{(0)},x_2^{(0)},\cdots,x_n^{(0)}\} \tag{2.8}$$

按照样本距离哪个聚点的距离最小就归为一类的原则，依据式(2.9)进行初始分类：

$$G_i^{(0)}=\{x:d(x,x_i^{(0)})\leqslant d(x,x_j^{(0)}),j=1,2,\cdots,n,j\neq i\},i=1,2,\cdots,n \tag{2.9}$$

依据式(2.9)可将样本划分为相互不交叉的 n 类，样本初始分类结果表示如式(2.10)所示：

$$G^{(0)}=\{G_1^{(0)},G_2^{(0)},\cdots,G_n^{(0)}\} \tag{2.10}$$

2)从 $G^{(0)}$ 出发，以每个初始分类中样本的重心作为新的聚类中心，用集合 $L^{(1)}$ 表示如下：

$$L^{(1)}=\{x_1^{(1)},x_2^{(1)},\cdots,x_n^{(1)}\} \tag{2.11}$$

从集合 $L^{(1)}$ 出发，将各类中的样本根据式(2.11)重新进行分类，得到一个新的分类集合 $G^{(1)}$，如式(2.12)所示：

$$G_i^{(1)}=\{x:d(x,x_i^{(1)})\leqslant d(x,x_j^{(1)}),j=1,2,\cdots,n,j\neq i\},i=1,2,\cdots,n \tag{2.12}$$

由式(2.12)获得的分类结果如式(2.13)所示：

$$G^{(1)}=\{G_1^{(1)},G_2^{(1)},\cdots,G_n^{(1)}\} \tag{2.13}$$

按照以上步骤进行迭代。

3)迭代过程中，当分类集合 $G^{(m+1)}$ 与 $G^{(m)}$ 相等或满足误差平方和小于预定值 ε 时，动态聚类迭代过程结束，输出软划分路段单元。

2.2.3 路段单元分割合并

叠加危化品运输路线软硬划分的路段单元，依据软划分结果分割合并硬划分路段单元生成基本路段。首先，确定硬划分路段单元与软划分路段单元区段范围的叠加关系；其次，判断叠加关系为相交关系或包含关系，相交关系则合并相交的硬划分路段单元，包含关系则分割硬划分路段单元。具体方法如下：

(1)合并。如果硬划分路段单元与软划分路段单元相交，即软划分路段单元起终点在不同硬划分路段单元内，则合并相交的硬划分路段单元生成基本路段，以距离路线起终点最近的软/硬划分的路段单元起终点作为基本路段起终点。

(2)分割。如果单硬划分路段单元包含多个(≥2)软划分路段单元，即多个(≥2)软划分路段单元的起终点同时出现在同一硬划分路段单元内，按软划分路段单元区段分割硬划分路段单元，并以距离路线起终点最近的软/硬划分的路段单元起终点，作为分割的首位和末位基本路段的起讫点；硬划分路段单元内基本路段起讫点，以软划分路段单元终点作为基本路段讫点及相邻下一基本路段的起点。

(3)特殊情况。互通式立交桥、隧道、平面交叉口作为独立的基本路段，不受软硬划分路段单元及分割合并的影响。

按照以上方法分割合并路段单元生成的基本路段，同时兼具相似的危化品运输路线线形特征与事故统计特征，充分体现了基本路段划分的本质。

2.3　交通状态识别

识别危化品运输路线基本路段的交通运行状态，可为交通事故风险预测及预警提供基础环境变量输入，为实施分段分类制定安全风险管控策略提供参考。采用传统模糊C均值(FCM)聚类识别交通运行状态，存在假定所有样本及特征同等重要的不足，本章提出基于样本和特征双加权FCM的交通状态识别方法，基本思路是采用拉格朗日乘数法动态更新隶属度、样本与特征权值，进一步设计双加权FCM聚类算法。北京市西五环路段应用实例表明，与传统FCM聚类结果对比，双加权FCM聚类边界更清晰，样本隶属度值接近0/1的数量增加7%，计算效率提高2倍。

2.3.1　交通状态划分

传统交通流理论应用交通流量、车速和密度3个参数描述交通流状态特征，并将交通流划分为自由流和拥挤流2种状态。根据危化品运输路线交通安全风险精细化和精准化防控实战需求，将交通状态划分为自由流、拥堵流和阻塞流3种类型。运输路线断面交通流量、车速、密度3个参数是描述交通流基本特征的主要参数，其中，交通密度在实际应用中往往采用容易测量的车道占用率间接表征，包括空间占有率和时间占用率(任福田 等，2003)。综合现有研究成果选用的交通状态参数的频率，以及参数样本获取的便利性，选取交通流量、平均速度、空间占用率3个交通参数进行聚类分析，识别危化品运输路线基本路段交通状态类别。各类交通运行状态特征如下：

(1)自由流。自由流状态下交通流量小、车速快、路段车辆空间占有率低，驾驶员具有较大的驾驶自由度，车辆行驶几乎不受其他车辆影响，危化品运输路线交通处于畅通状态。

(2)拥堵流。拥堵流状态下交通流量接近道路通行能力,车速显著下降,路段车辆空间占有率较高,驾驶员驾车自由度明显受限,行驶车辆之间相互影响,危化品运输路线交通处于不稳定状态,交通流波动性较大。

(3)阻塞流。阻塞流状态下交通流量呈断崖式下降,车辆间歇性停驶,车头时距趋于稳定,路段车辆空间占有率非常高,整个路段车辆处于同步跟驰状态,相邻车道车速基本一致。

2.3.2 FCM 聚类算法

FCM 聚类是基于目标优化的聚类方法(Bezdek,1981)。

设给定的数据集 $\boldsymbol{X}=\{\boldsymbol{X}_1,\boldsymbol{X}_2,\cdots,\boldsymbol{X}_n\}$ 包含 n 个样本,将样本分为 C 类,$1<C<n$,对任意$\boldsymbol{X}_i\in\boldsymbol{X}$,其特征矢量 $\boldsymbol{X}_i=\{x_{i1},x_{i2},\cdots,x_{ir}\}$,$x_{ir}$ 表示第 i 个样本的第 r 个特征属性。采用隶属度函数定义目标函数为

$$J(\boldsymbol{U},\boldsymbol{V})=\sum_{i=1}^{c}\sum_{j=1}^{n}u_{ij}^{m}d_{ij}^{2} \tag{2.14}$$

$$0\leqslant u_{ij}\leqslant 1 \tag{2.15}$$

$$\sum_{i=1}^{c}u_{ij}=1 \tag{2.16}$$

式中:u_{ij} 为第 j 个样本隶属于第 i 个簇的程度,$1\leqslant i\leqslant n$,$1\leqslant j\leqslant C$;$\boldsymbol{U}=\{u_{ij}\}$ 为 $c\times n$ 阶模糊分类矩阵(c 为 C 的子集);$\boldsymbol{V}=[v_1,v_2,\cdots,v_c]$ 为 $p\times c$ 阶簇中心矩阵(p 为簇中心的数量);v_i 为簇中心;m 为加权指数;$d_{ij}^2=\|x_j-v_i\|^2$,为样本到簇中心的欧式距离;$J(\boldsymbol{U},\boldsymbol{V})$为样本到簇中心的距离加权值,由样本距离模糊簇中心最小准则,可获得聚类目标表达式:

$$\min\{J(\boldsymbol{U},\boldsymbol{V})\}=\min\left\{\sum_{i=1}^{c}\sum_{j=1}^{n}u_{ij}^{m}d_{ij}^{2}\right\} \tag{2.17}$$

通过构建拉格朗日函数,采用拉格朗日乘数法求解隶属度 u_{ij} 及簇中心 v_i。

2.3.3 加权 FCM 聚类算法

基于式(2.14)~(2.17)FCM 聚类算法,为表征交通状态识别指标样本对聚类结果的贡献,以及识别指标特征的作用,同时引入权值 $\alpha_j\,(j=1,2,\cdots,n)$ 和 $\beta_k\,(k=1,2,\cdots,s)$,权值 α_j 和 β_k 分别满足约束条件 $\sum_{j=1}^{n}\alpha_j=1$、$\sum_{k=1}^{s}\beta_k=1$;p 和 q 为不等于 1 的整数。因此,基于样本和特征加权的 FCM 聚类算法表示如下(孙广林 等 2020b;李凯 等,2018):

$$\min_{\boldsymbol{U},\boldsymbol{V}}J(\boldsymbol{U},\boldsymbol{V})=\sum_{i=1}^{c}\sum_{j=1}^{n}\alpha_j^{p}u_{ij}^{m}\sum_{k=1}^{s}\beta_k^{q}(x_{jk}-v_{ik})^2 \tag{2.18}$$

$$\sum_{i=1}^{c} u_{ij} = 1, j = 1, 2, \cdots, n \tag{2.19}$$

$$\sum_{j=1}^{n} \alpha_j = 1 \tag{2.20}$$

$$\sum_{k=1}^{s} \beta_k = 1 \tag{2.21}$$

(1)隶属度与权值

1)确定隶属度。由式(2.18)～(2.21),采用拉格朗日(Lagrange)方法确定隶属度,定义 $\boldsymbol{f}$、g、h 为 Lagrange 乘子,其 Lagrange 函数 L 表示为

$$L(\boldsymbol{U},\boldsymbol{V};\boldsymbol{f},g,h) = \sum_{i=1}^{c}\sum_{j=1}^{n}\alpha_j^p u_{ij}^m \sum_{k=1}^{s}\beta_k^q (x_{jk} - v_{ik})^2 - \sum_{j=1}^{n} f_j \left(\sum_{i=1}^{c} u_{ij-1}\right) - g\left(\sum_{j=1}^{n}\alpha_j - 1\right) - h\left(\sum_{k=1}^{s}\beta_k - 1\right) \tag{2.22}$$

式中:$\boldsymbol{f}$ 是由 Lagrange 乘子构成的向量,表示为 $\boldsymbol{f}=(f_1, f_2, \cdots, f_n)$。

将 Lagrange 函数 L 分别对 u_{ij} 和 f_j 求偏导,令 $\frac{\partial L}{\partial u_{ij}}=0$、$\frac{\partial L}{\partial f_j}=0$,则

$$m\alpha_j^p u_{ij}^{m-1} \sum_{k=1}^{n}\beta_k^q (x_{jk} - v_{ik})^2 - f_j = 0 \tag{2.23}$$

$$\sum_{i=1}^{c} u_{ij} = 1 \tag{2.24}$$

由式(2.23)计算 u_{ij},可获得

$$u_{ij} = \left[\frac{f_j}{m\alpha_j^p \sum_{k=1}^{s}\beta_k^q (x_{jk} - v_{ik})}\right]^{\frac{1}{m-1}} \tag{2.25}$$

此外,将 Lagrange 函数 L 对 v_{ik} 求导,由 $\frac{\partial L}{v_{ik}}=0$ 得到簇中心值:

$$v_{ik} = \frac{\sum_{j=1}^{n}\alpha_j^p u_{ij}^m x_{jk}}{\sum_{j=1}^{n}\alpha_j^p u_{ij}^m} \tag{2.26}$$

联合式(2.24)和式(2.25),进一步求解 u_{ij},可获得

$$u_{ij} = \frac{1}{\sum_{l=1}^{c}\left[\frac{\sum_{k=1}^{c}\beta_k^q (x_{jk} - v_{ik})^2}{\sum_{k=1}^{c}\beta_k^q (x_{jk} - v_{lk})^2}\right]^{\frac{1}{m-1}}} \tag{2.27}$$

2)确定权值。将 Lagrange 函数 L 分别对 α_j、β_k 求导,由 $\frac{\partial L}{\alpha_j}=0$、$\frac{\partial L}{\beta_k}=0$,得到样本与特征权值:

$$\alpha_j=\frac{1}{\sum_{l=1}^{n}\left[\frac{\sum_{i=1}^{c}u_{ij}^{m}\sum_{k=1}^{c}\beta_k^q(x_{jk}-v_{ik})^2}{\sum_{i=1}^{c}u_{il}^{m}\sum_{k=1}^{c}\beta_k^q(x_{lk}-v_{ik})^2}\right]^{\frac{1}{p-1}}} \tag{2.28}$$

$$\beta_k=\frac{1}{\sum_{l=1}^{n}\left[\frac{\sum_{i=1}^{c}\sum_{j=1}^{n}\alpha_j^p u_{ij}^{m}(x_{jk}-v_{ik})^2}{\sum_{i=1}^{c}\sum_{j=1}^{n}\alpha_j^p u_{ij}^{m}(x_{jl}-v_{il})^2}\right]^{\frac{1}{q-1}}} \tag{2.29}$$

(2)算法实现

由式(2.18)~(2.29),基于样本和特征的双加权 FCM 聚类算法(Double-Weighted FCM Algorithm,DWFCMA)表示如下:

第一步:初始化 m,p,q,Iter(最大迭代次数),ε,u_{ij}($1\leqslant i\leqslant n$,$1\leqslant j\leqslant C$),α_j($j=1,2,\cdots,n$),β_k($k=1,2,\cdots,C$),对数据进行标准化处理。

第二步:当 $j<$Iter 时,由式(2.22)更新隶属度;由式(2.23)更新簇中心;由式(2.24)更新样本权值;由式(2.25)更新特征权值。

计算相邻两次迭代簇中心向量差的范数值 $\mathrm{Err}=\|v^j-v^{j-1}\|$,如果 $\mathrm{Err}<\varepsilon$,则停止计算,否则 $j=j+1$。

计算结束。

2.4 实例分析

2.4.1 基本路段划分

选取危化品运输路线京昆高速北京段大苑村桥至房易路顾郑路东桥南向路段,作为基本路段划分实例分析对象(简称"目标路线")。路线全长 24 km,共设置互通式立交桥 5 座。

(1)路段单元划分过程

首先,将目标路线中设置的 5 座互通式立交桥作为独立基本路段。其次,目标路线地处平原,纵断面坡度变化均小于 3%,以平面线形指标为依据进行路段单元硬划分；依据 2016—2018 年北京市公安交管部门统计的交通事故地点桩号，按动态聚类算法步骤进行迭代，当分类集合 $G^{(m+1)}=G^{m}$ 时，聚类算法迭代终止，输出路段单元软划分结果。最后，将路段单元软硬划分结果进行叠加，按照路段单元分割合并方法生成基本路段。京昆高速北京段公路路线基本路段划分过程及结果如图 2.3 所示。

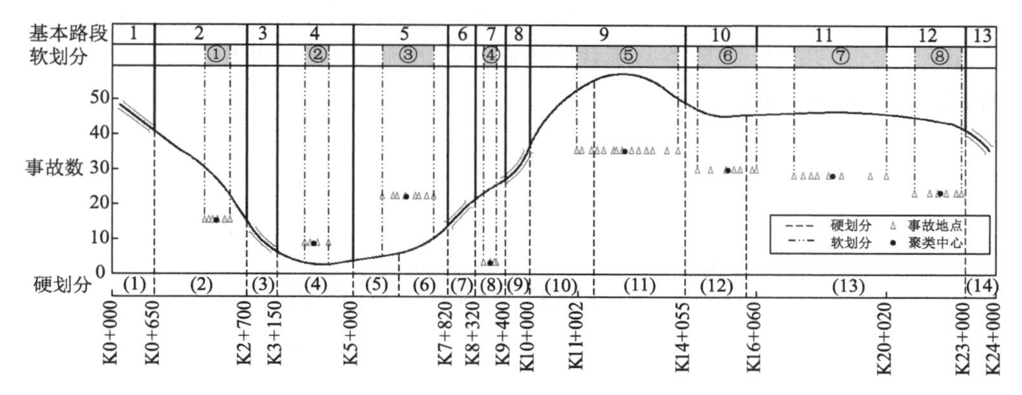

图 2.3　京昆高速北京段公路路线基本路段划分过程及结果

(2)基本路段生成

路段单元硬划分结果如图 2.3 中(1)～(13)所示，软划分结果如图 2.3 中①～⑧所示，基本路段生成过程如下：

1)目标路线中设置的 5 座互通式立交桥，生成基本路段 1、3、6、8、13；

2)路段单元(2)包含①，(2)生成基本路段 2；

3)路段单元(4)包含②，(4)生成基本路段 4；

4)路段单元(5)、(6)均与③相交，以距离路线起点最近的 K5＋000 作为基本路段起点，距离路线终点最近的 K7＋820 作为基本路段讫点，生成基本路段 5；

5)路段单元(8)包含④，(8)生成基本路段 7；

6)路段单元(10)、(11)均与⑤相交，以距离路线起点最近的 K10＋000 作为基本路段起点，距离路线终点最近的 K14＋055 作为基本路段讫点，生成基本路段 9；

7)路段单元(12)与⑥相交，以距离路线起点最近的 K14＋055 作为基本路段起点，距离路线终点最近的 K16＋060 作为基本路段讫点，生成基本路段 10；

8)路段单元(13)内包含⑦、⑧路段单元，以距离路线起点最近的 K16＋060 作为基本路段起点，(13)内⑦的终点作为基本路段的讫点，生成基本路段 11；以基本路段 11 的讫点为相邻基本路段的起点，距离路线终点最近的 K23＋000 作为基本路段讫点，生成基本路段 12。

2.4.2 交通状态识别

(1)数据准备

选取北京市西五环晋元桥至石景山路出口段南向交通视频数据，作为聚类分析的数据源，路段长 1 km，单向 3 车道，最高限速 80 km/h。视频数据记录时间段为 2019 年 3 月 13 日。07：00—19：00，未发生交通事故或其他突发事件，以 5 min 为单位(共 145 个样本)，统计测试路段交通流量、平均速度、空间占有率指标时间分布情况，如图 2.4～2.6 所示。

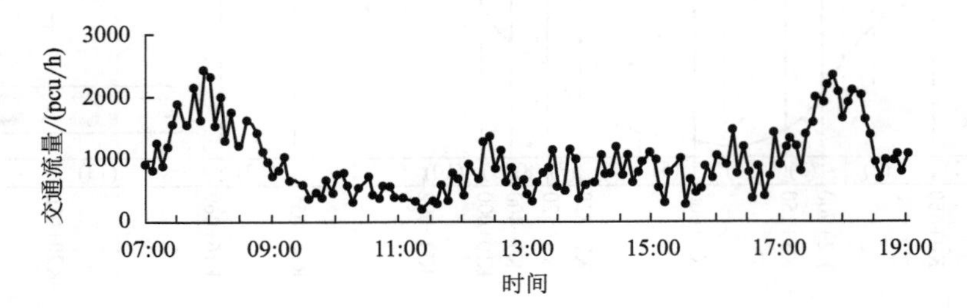

图 2.4 测试路段交通流量时间分布

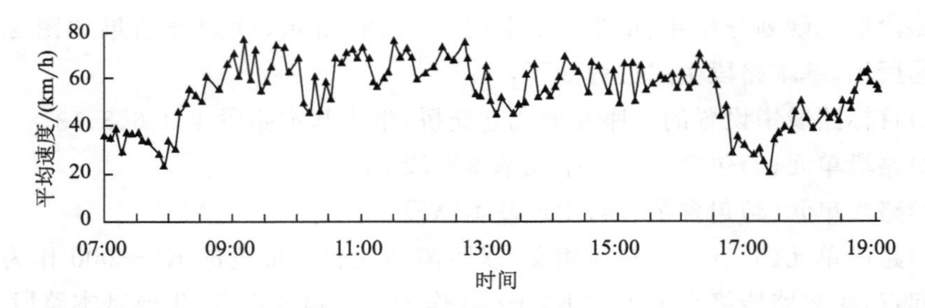

图 2.5 测试路段平均速度时间分布

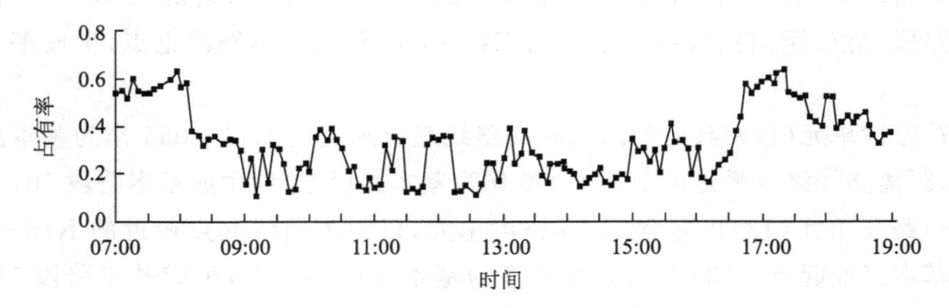

图 2.6 测试路段空间占有率时间分布

由图2.4～2.6可知，测试路段07:25—08:25、17:25—18:25均出现显著的流量高峰时段，流量波动幅度较大，交通运行处于拥堵流状态；中午时段流量相对较低，对应的平均车速较高、道路空间占有率较低，交通运行处于自由流状态；17:20平均速度降至最低20 km/h，道路空间占有率达到最高0.64，同时流量出现显著下降，交通运行处于阻塞流状态。因此，测试路段07:00—19:00时段，具有不同的交通运行状态特征分布，源数据完整可用并具有良好的适用性。

(2)参数初始化

根据路段交通状态参数的性质，设定双加权聚类算法参数初始值，隶属度矩阵指数$m=2.25$，最大迭代次数Iter=100，迭代终止条件$\varepsilon=1\times10^{-5}$，$p=2$，$q=3$。采用MATLAB软件进行计算，随机生成隶属度矩阵$\boldsymbol{U}$、样本权值$\alpha_j(j=1,2,\cdots,145)$、特征权值$\beta_k(k=1,2,3)$，并进行标准化处理，令其满足$\sum_{i=1}^{3}u_{ij}=1,j=1,2,\cdots,145$；$\sum_{j=1}^{145}\alpha_j=1$，$\sum_{k=1}^{3}\beta_k=1$。

(3)聚类效果分析

输入测试路段源数据及初始化参数值，采用MATLAB模糊聚类工具箱输出传统FCM聚类结果，对比分析3类交通状态样本隶属度函值、聚类目标函数值，比较两类算法的聚类效果与计算效率。

1)簇中心矩阵。传统FCM聚类算法和双加权FCM聚类算法簇中心矩阵$\boldsymbol{V}_1$、$\boldsymbol{V}_2$：

$$\boldsymbol{V}_1=\begin{bmatrix}1020.9 & 54.5 & 0.3\\1911.1 & 41.1 & 0.5\\510.7 & 59.8 & 0.3\end{bmatrix}$$

$$\boldsymbol{V}_2=\begin{bmatrix}963.3 & 53.9 & 0.3\\989.9 & 53.7 & 0.3\\1083.4 & 53.0 & 0.4\end{bmatrix}$$

$\boldsymbol{V}_1$与$\boldsymbol{V}_2$矩阵中行表示交通状态，列表示状态识别指标，各类交通状态识别指标值均在交通流量阈值[189, 2047]、平均速度阈值[20, 76]、占有率阈值[0.1, 0.64]范围内，簇中心可用于聚类计算。

2)聚类结果。传统FCM聚类算法和双加权FCM聚类算法结果如图2.7和图2.8所示。

对比图2.7与图2.8三类交通状态划分界限，双加权FCM聚类阻塞流与拥堵流间的界限较传统FCM聚类更线性，并且双加权FCM聚类拥堵流与自由流间的界限较传统FCM聚类清晰、明显。因此，双加权FCM聚类的交通状态划分效果优于传统FCM聚类。

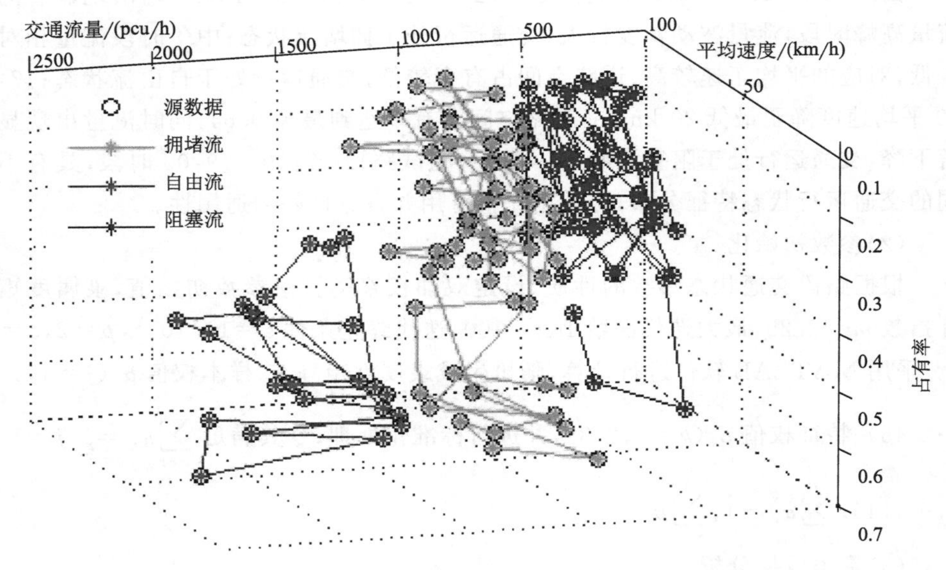

图 2.7　传统 FCM 聚类结果(附彩图)

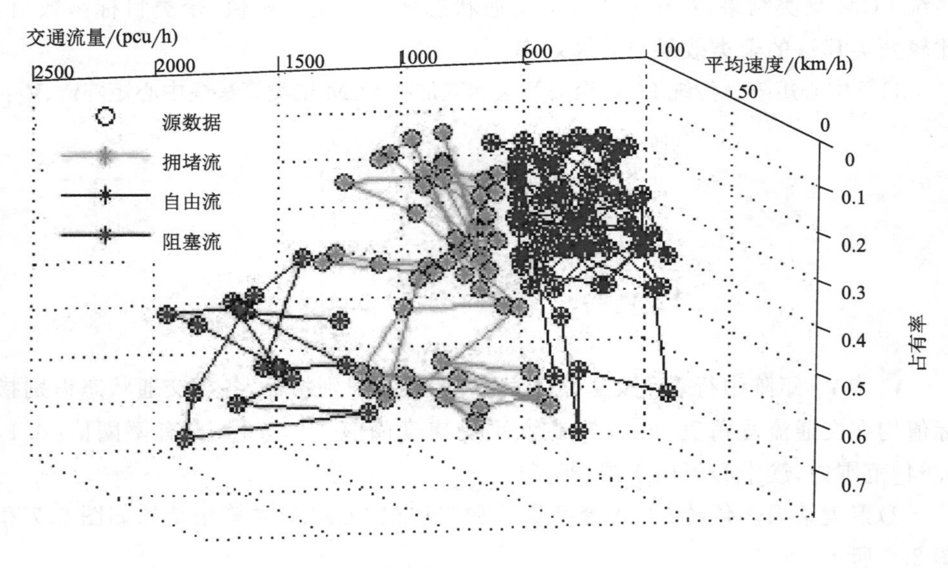

图 2.8　双加权 FCM 聚类结果(附彩图)

3)隶属度值。聚类算法样本隶属度值接近 0/1 的数量,可用来衡量聚类算法效果的优劣。隶属度值越接近 0/1,类内样本的相似度越高、不同类间的差异性越显著,聚类效果越显著。传统 FCM 聚类算法和双加权 FCM(DFCM)聚类算法

3类交通状态隶属度函数值如图2.9～2.11所示。

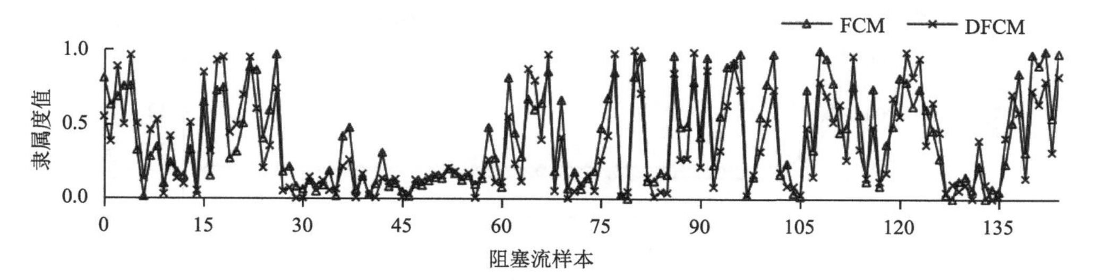

图2.9　传统FCM聚类与双加权FCM(DFCM)聚类阻塞流样本隶属度

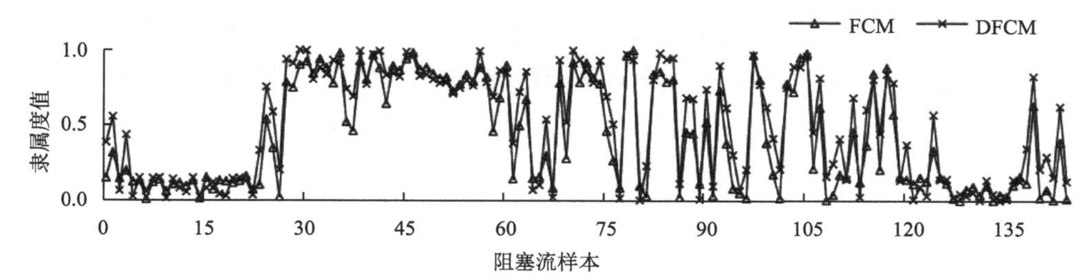

图2.10　传统FCM聚类与双加权FCM(DFCM)聚类拥堵流样本隶属度

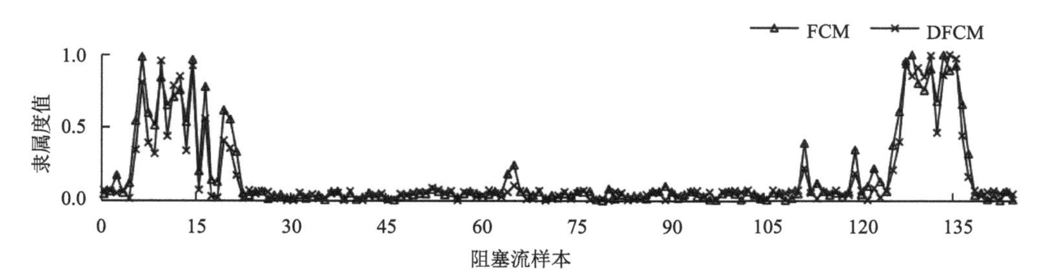

图2.11　传统FCM与聚类与双加权FCM(DFCM)聚类自由流样本隶属度

由图2.9～2.11可知，3类交通流样本传统FCM聚类隶属度函数值大于0.9和小于0.1的样本数量为198个，DFCM聚类隶属度函数值大于0.9和小于0.1的样本数量为212个，DFCM聚类相比传统FCM聚类交通流状态样本隶属度接近0/1的数量高7%。因此，DFCM聚类获得的相同交通状态内样本相似度更高、不同状态间的差异性更显著。因此，样本与特征双加权对交通状态聚类效果，较传统FCM聚类更加显著。

4)目标函数。传统FCM聚类和DFCM聚类算法目标函数值变化情况如图

2.12 所示。

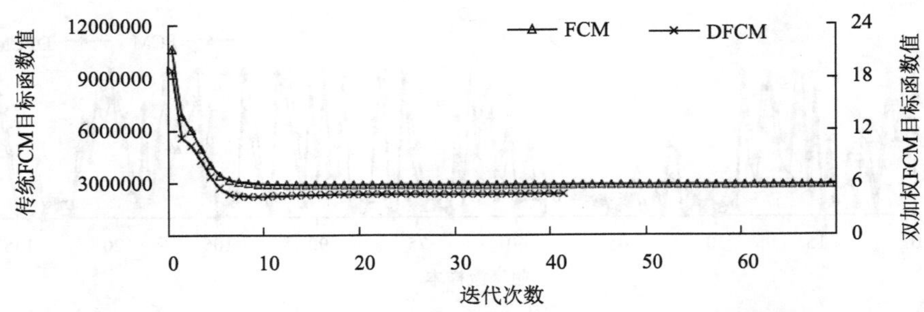

图 2.12 传统 FCM 聚类与双加权 FCM(DFCM)聚类目标函数值

由图 2.12 所示,DFCM 聚类算法目标函数值远远小于传统 FCM 聚类算法,DFCM 聚类算法经过 43 次迭代满足迭代终止条件,传统 FCM 聚类算法经过 70 次迭代终止,DFCM 聚类算法计算效率较传统 FCM 聚类算法提高了 1.6 倍。

第3章　危化品运输路线交通事故预测技术

危化品运输路线交通事故具有易发、后果严重及社会影响大的特点，同时，用于事故预测的基础数据兼具波动和小样本特性。本章基于双加权 FCM 聚类的交通运行状态划分结果，采用灰色马尔可夫模型进行短时事故预测，进一步建立长时预测云模型，实现不同时间尺度交通事故预测。选取山东省济南市准许通行危化品运输车辆的区域路网，验证事故预测模型精度、计算效率及方法的有效性。

3.1　马尔可夫理论基础

3.1.1　马尔可夫理论

1906 年，俄国著名数学家马尔可夫（Markov）提出了用数学方法解释自然变化的一般规律模型，后人以他名字命名为马尔可夫链，开创了无后效性的随机过程研究。假设过程（系统）在 t_0 时刻所处的状态为已知的条件下，过程在时刻 $t>t_0$ 所处状态的条件分布与 t_0 时刻之前所处状态无关，这种特性称为马尔可夫性或无后效性。具有马尔可夫性的随机过程称为马尔可夫过程。经过几十年的发展，马尔可夫过程已经成为随机过程的一个重要分支，在生物学、物理学、运筹学等许多领域中有广泛的应用。

下面给出马尔可夫模型的数学表达。一个系统有 N 个状态，即 $S=\{s_1,s_2,\cdots,s_n\}$，随着时间的推移，该系统从一个状态转换成另一个状态 $Q=\{q_1,q_2,\cdots,q_n\}$，$q_i\in S$，在 t 时刻的状态为 q_t，对该系统的描述要绘出当前时刻 t 所处的状态 s_t，以及之前的状态 s_1，s_2，…，s_t，则 t 时刻位于状态 q_t 的概率为 $P(q_t=s_t|q_1=s_1,q_2=s_2,\cdots,q_{t-1}=s_{t-1})$。特殊状态下，当前时刻的状态只与前一时刻的状态有关，即一阶马尔可夫模型，$P(q_t=s_t|q_{t-1}=s_{t-1})$ 表示状态 i 转移到状态 j 的概率，状态之间的转化表示为 a_{ij}。

3.1.2　预测方法选取

（1）危化品运输事故特性

危化品运输路线交通系统是动态、时变的非线性系统，同时，历史交通事故数据统计结果表明，事故发生具有某种非平稳变化趋势。大量的研究表明，危化品运输车辆事故是由人、车、环境、管理等几个因素共同耦合失调而导致的突发事件，即车辆在行驶过程中，人、车、环境、管理等因素对运输安全的影响关系和程度将随之而发生改变，进而导致事故的发生具有较强的随机性和不确定性。因此，采用随机过程理论模拟预测危化品运输路线交通事故未来所处的状态，符合危化品运输路线事故风险发生的特点和规律(雷兢，2005)。

(2)事故预测方法对比分析

1)短时预测方法。目前，用于道路交通事故的预测方法主要是基于数据驱动和统计分析的方法，如回归分析法(李相勇，2004；刘思峰 等，2008；张铁军 等，2010)、经验模型法(Tseng et al.，2001)、灰色预测法(韩文涛 等，2005；舒怀珠，2009)、灰色马尔可夫预测法(钱卫东 等，2008)等。回归分析法和经验模型法存在着大样本、长周期的数据需求，由于危化品运输路线交通运行是一个动态、时变、复杂的非线性系统，加上统计手段及上报途径的限制，交通事故通常以年份为统计周期且数据量往往偏少，此外这些数据量由于受当年的天气、人口、机动车数量及国内生产总值(GDP)等因素影响而呈现非平稳的变化特点，故回归分析法和经验模型法都不适用于交通事故的预测。灰色预测法以小样本、贫信息为研究对象，其建模机理决定了该方法无法适用于随机性强、波动性大的数据序列的预测问题。马尔可夫方法能够反映数据的周期性变化特征，随机性强，但状态集的确定相对比较困难。本章综合灰色预测和马尔可夫预测的各自特征及优势，建立危化品运输路线短时事故预测的灰色马尔可夫组合模型。实例证明，道路交通事故灰色马尔可夫预测模型，能够有效地挖掘危化品运输交通事故历史数据的有价值信息，大幅度地提高了随机波动性较强数据列的预测精度。

2)长时预测方法。道路交通事故长时预测中，其事故数量较为平滑且数据量相对较大，因此，由于数据随机性而产生的波动并不明显。目前，许多预测模型如时间序列模型、灰色模型、神经网络模型等，广泛应用于道路交通事故长时预测，并取得较好的预测效果。时间序列方法能够准确刻画事故数据变化的周期规律，但对于危化品运输车辆相关的事故样本量相对较低，事故预测难以建立训练和学习模型。神经网络方法需要大量的训练数据，危化品运输车辆事故的小样本量难以满足模型精度要求，并且耗费精力较大，在实际应用中难以发挥优势。灰色预测 GM(1,1)仅需要较少数量的样本即可建立模型，其快速预测优势已得到了广泛的认同，但 GM(1,1)要求原始数据满足光滑性，且预测时间较短，无法揭示数据周期性变化的规律。同时，危化品运输路线交通事故触发机理尚不明晰，具有一定的模糊性，事故发生具有不确定性，并且模糊性与不确定性之间存在相互关联。针对以上问题，云模型的提出为解决危化品运输路线长时事故预测问题开辟了一条新的途径。李德毅等(1995)提出了云模型，实现了定性概念与定量数值之间的不确定转换，反映了随机性和模糊性之间的关联性，构成定性和定量间的相互映射。此外，考虑到危化品运输路线事故数据的马尔可夫性，采用马尔可夫状态转移概率矩阵确定云模型预测值最可能隶属的误差区间，实现进一步对预测结果的修正，可有效提高危化品运输路线事故长时预测精度(杨新湦 等，2015)。

3.2　短时事故预测模型

下面采用灰色马尔可夫组合模型构建短时事故预测模型(刘喆 等，2019)。

3.2.1　事故预测模型构建

3.2.1.1　GM(1,1)移动优化模型

记 $x^{(0)}=[x^{(0)}(t_1),x^{(0)}(t_2),\cdots,x^{(0)}(t_n)]$ 为原始时间序列，其中 t_i 为时间因子，基于序列 $x^{(0)}$ 预测 t_n 期之后的 m 期交通事故数据，设定预测值时间序列为 $\hat{x}^{(0)}=[\hat{x}^{(0)}(t_{n+1}),\hat{x}^{(0)}(t_{n+2}),\cdots,\hat{x}^{(0)}(t_{n+m})]$。建立 GM(1,1)模型的基本思想是以灰色模型理论为基础，进行微分拟合和单段函数残差辨识。其相应模型建模机理如下：

通常序列 $x^{(0)}$ 为随机离散时间序列，因此，引进一阶累加序列 $x^{(1)}$ 弱化原始序列的随机性，以增强时间序列的规律性。令一阶累加序列 $x^{(1)}$ 为

$$x^{(1)}=[x^{(1)}(t_1),x^{(1)}(t_2),\cdots,x^{(1)}(t_n)] \tag{3.1}$$

其中，$x^{(1)}=\sum_{k=1}^{i}x^{(0)}(t_k),i=1,2,\cdots,n$ 。

此时，时间序列 $x^{(1)}$ 为关于 t 的单调增函数，建立单序列一阶线性动态 GM(1,1)模型，其相应的微分方程为

$$\frac{\mathrm{d}x^{(1)}(t)}{\mathrm{d}t}+ax^{(1)}=u^{(1)} \tag{3.2}$$

GM 模型中，边界初值满足 $x^{(0)}(t_1)=x^{(1)}(t_1)$，由此可得近似函数：

$$\hat{x}^{(1)}(t_i)=\left[x^{(0)}(t_i)-\frac{u}{a}\right]\mathrm{e}^{-a(t-1)}+\frac{u}{a}\quad(i=1,2,\cdots,n) \tag{3.3}$$

式中：a、u 为事故初始统计数据的待定系数，分别代表建模过程中发展系数和灰色控制量。可由最小二乘法计算求得

$$\hat{a}=[\boldsymbol{x}(\boldsymbol{A})^{\mathrm{T}}\boldsymbol{x}(\boldsymbol{A})]^{-1}\cdot\boldsymbol{x}(\boldsymbol{A})^{\mathrm{T}}\cdot\boldsymbol{Y}_{\mathrm{N}} \tag{3.4}$$

其中 $\hat{a}=[a,u]^{\mathrm{T}}$

$$\boldsymbol{x}(\boldsymbol{A})=\begin{bmatrix} -\frac{1}{2}[x^{(1)}(2)+x^{(1)}(1)] & 1 \\ -\frac{1}{2}[x^{(1)}(3)+x^{(1)}(2)] & 1 \\ \vdots & \vdots \\ -\frac{1}{2}[x^{(1)}(N)+x^{(1)}(N-1)] & 1 \end{bmatrix} \tag{3.5}$$

$$\boldsymbol{Y}_{N}=[x^{(0)}(2),x^{(0)}(3),\cdots,x^{(0)}(N)]^{\mathrm{T}} \tag{3.6}$$

因此，式(3.3)可变换为

$$\tilde{x}^{(1)}(t_i)=\left[x^{(0)}(1)-\frac{u}{a}\right]\mathrm{e}^{-a(t_i-1)}+\frac{u}{a}$$

基于上述步骤，可通过累减逆运算获得交通事故量预测值的时间序列函数：

$$\tilde{x}^{(0)}(t_i)=\tilde{x}^{(1)}(t_i)-\tilde{x}^{(1)}(t_{i-1}) \tag{3.7}$$

$$\tilde{x}^{(0)}(t_i)=(1-\mathrm{e}^{a})\cdot\left[x^{(0)}(1)-\frac{u}{a}\right]\mathrm{e}^{-a(t_i-1)} \tag{3.8}$$

$\tilde{x}^{(0)}(t_i)$为 t_i 时刻的因素预测值，在此基础上，构造残差序列：

$$\varepsilon^{(0)}(t_i)=\{x^{(0)}(t_i)-\tilde{x}^{(0)}(t_i)\} \tag{3.9}$$

同理，由式(3.2)～(3.8)，通过 GM(1,1)模型可以找到$\hat{\varepsilon}^{(0)}(t_i)$序列，将有关样本的$\hat{\varepsilon}^{(0)}(t_i)$加到原有预测样本 $\tilde{x}^{(0)}(t_i)$上，得修正后的预测数据$\hat{x}^{(0)}(t_i)$：

$$\hat{x}^{(0)}(t_i)=\tilde{x}^{(0)}(t_i)+\hat{\varepsilon}^{(0)}(t_i) \tag{3.10}$$

3.2.1.2 残差修正 GM(1,1)模型

灰色预测模型能够很好地反映未来危化品运输路线交通事故的发展趋势，但通过累加手段处理得到的模型，削弱了原始数据序列的随机性，不适合对具有随机性和波动性的数据序列进行长期预测。马尔可夫随机过程理论通过确定状态的转移规律反映事件的随机波动影响，两者结合可以弥补灰色模型的局限性，提高预测精度。

马尔可夫预测方法是基于状态转移的预测，故假定将残差序列划分为 h 个状态，因残差值仅可表现为正、负 2 个状态 $E1$ 和 $E2$，故可直接令 $h=2$。设 t_i 时刻状态 E_i 经过k 步转移到达 t_j 时刻状态 E_j，状态转移概率为 $p_{ij}(k)$，那么可计算求得马尔可夫的状态转移矩阵 $\boldsymbol{P}$：

$$\boldsymbol{P}(k)=[p_{ij}(k)]_{2\times 2}\quad(i,j=1,2) \tag{3.11}$$

定义第一步状态转移概率向量：

$$\boldsymbol{p}(1)=[p_1 \quad p_2] \tag{3.12}$$

式中：p_1 为状态 E_1 的概率；p_2 为状态 E_2 的概率。

状态经过 k 步转移后，可得

$$\boldsymbol{p}^{(k)}(1)=[p_1{}^{(k)} \quad p_2{}^{(\mathrm{k})}]=\boldsymbol{p}(1)\cdot\boldsymbol{p}(k) \tag{3.13}$$

马尔可夫残差修正结果如式(3.14)所示：

$$\hat{x}_1^{(0)}(t_i)=\tilde{x}_1^{(0)}(t_i)+s(t_i)\cdot\hat{\varepsilon}^{(0)}(t_i) \tag{3.14}$$

式中：$\hat{x}_1^{(0)}(1)=\tilde{x}_1^{(0)}(1)$，$s(t_i)$为残差符号。

在第 k 步时，当 $\boldsymbol{p}_1>\boldsymbol{p}_2$ 时，令残差符号 $s(t_i)=1$；当 $\boldsymbol{p}_1<\boldsymbol{p}_2$ 时，令残差符号 $s(t_i)=-1$。

3.2.1.3　移动优化策略

基于残差预测序列$\hat{x}^{(0)}(t_i)$对 t_n 期之后的 m 期交通事故预测进行修正。考虑到预测过程中预测精度受数据的时效性影响较大，依据移动数据预测原理，在后续的预测计算中，将原始序列的首期数据 $\tilde{x}^{(0)}(t_{n+1})$剔除掉，加入计算出的新预测值$\hat{x}^{(0)}(t_{n+1})$，用来预测下一期的数据$\hat{x}^{(0)}(t_{n+m+1})$。依据此方法依次可以计算出一串新的预测数据，因此，移动优化策略的每一次预测从数列中所取数据数量是不变的，只是包含了最新的预测值，每次均用最新预测值建立模型，进而跟踪数据变化趋势。优化步骤如图 3.1 所示。

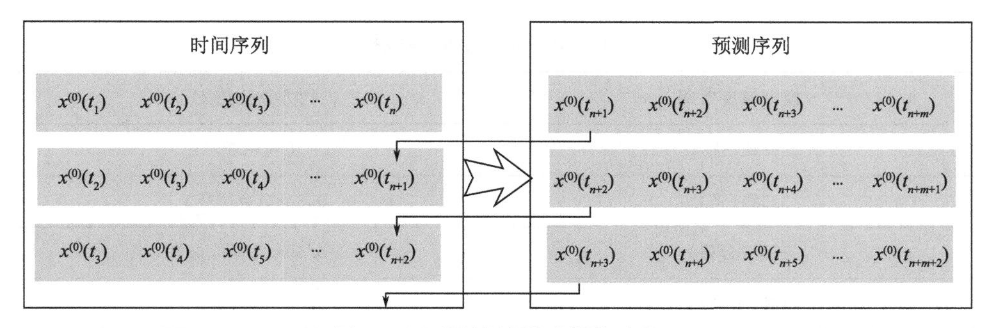

图 3.1　预测结果移动优化步骤

3.2.2　组合预测模型的精度检验

3.2.2.1　关联度检验

计算原始时间序列与预测序列的绝对关联度：

$$\Delta(t_i)=\left|x^{(0)}(t_i)-\hat{x}_1^{(0)}(t_i)\right| \tag{3.15}$$

$$\Delta(\max)=\max_i\max_j\Delta(t_i) \tag{3.16}$$

$$\Delta(\min)=\min_i\min_j\Delta(t_i) \tag{3.17}$$

那么，关联系数和关联度可以表示为

$$\gamma\left[x^{(0)}(t_i),\hat{x}_1^{(0)}(t_i)\right]=\frac{\Delta(\min)+\xi\Delta(\max)}{\Delta(k)+\xi\Delta(\max)} \tag{3.18}$$

$$\gamma=\frac{1}{n}\sum_{k=1}^{n}\gamma\left[x^{(0)}(t_i),\hat{x}_1^{(0)}(t_i)\right] \tag{3.19}$$

若给定 $\gamma_0>0$，有 $\gamma>\gamma_0$，则证明其为关联度合格模型。

3.2.2.2 后验差检验

令原始时间序列与预测序列的残差为 $\delta(t_i)$，则其均值 $\overline{\delta}(t_i)$ 与均方差 S_δ 分别为

$$\overline{\delta}(t_i)=\frac{1}{n}\sum_{i=1}^{n}\delta(t_i),S_\delta^2=\frac{1}{n}\sum_{i=1}^{n}\left[\delta(t_i)-\overline{\delta}(t_i)\right]^2 \tag{3.20}$$

原始时间序列的均值 $\overline{x}(t_i)$ 与方差 S_o 分别为

$$\overline{x}(t_i)=\frac{1}{n}\sum_{i=1}^{n}x^{(0)}(t_i),S_o^2=\frac{1}{n}\sum_{i=1}^{n}\left[x^{(0)}(t_i)-\overline{x}(t_i)\right]^2$$

令均方差比值 C 为

$$C=\frac{S_\delta^2}{S_o^2} \tag{3.21}$$

模型精度检验等级标准如表 3.1 所示。

表 3.1 模型精度检验等级标准

模型精度等级	均方差比值 C
一级(优)	$C\leqslant0.35$
二级(良)	$0.35<C\leqslant0.50$
三级(合格)	$0.50<C\leqslant0.65$
四级(不合格)	$0.65<C\leqslant0.80$

3.3 事故长时预测模型

根据危化品运输路线事故长时预测方法对比分析结果(3.1.2 节)，本节综合云模型和马尔可夫方法实现事故长时预测。首先，建立云模型的隶属度函数，以保护道路交通事故数据的随机性和模糊性；其次，建立云模型获得事故预测值，并计算预测值与实测值的相对误差范围，进一步利用马尔可夫链对相对误差进行修

正，提高危化品运输路线交通事故长时预测精度。

3.3.1　云模型预测方法

3.3.1.1　云模型基本概念

定义 1：云是某个定性概念与用以表示该概念的数值表示之间的不确定性转换模型，设 X 是一个用精确数值表示的定量论域，T 是与该论域相联系的定性概念，X 中的元素 x 对 T 所表达的定性概念的隶属度 $\mu_T(x)$ 不是一个精确数，而是一个具有稳定倾向的随机数，$\mu_T(x) \in [0,1]$，这种随机的隶属度在论域上的分布称为隶属云，简称为云，其中每一个 x 称为一个云滴。

定义 2：利用云的数字特征，通过特定的算法对定性概念所进行的一次随机的数值转化结果称为一颗云滴，一颗云滴包含了论域 X 中的一个元素 x 和该元素在此转换中对概念 T 的隶属度 y，记为 (x,y)，其中 $x \in X, y \in [0,1]$。

定义 3：设 U 是一个用精确数值表示的定量论域，C 是 U 上的定性概念，若定量值 $x \in U$，且 x 是定性概念 C 的一次随机实现，若 x 满足 $x \sim N(Ex, En'^2)$，其中 $En' \sim N(En, He^2)$，且 x 对 C 的确定度满足，则 x 在论域 U 上的分布称为正态云（Ex、En、He 表示云特征数字）。

3.3.1.2　云模型预测算法

为呈现当前序列的分布规律和不确定性，需要从现有数据中挖掘数据发展趋势。基于此，时间序列观测值可分为两部分，即历史数据集 H 和当前数据集 C。

设有时间序列数据集 H，其中 a_i 是时间属性 A 的值（比如第 a_i 个研究期），b_i 为数值属性 B 在某一时间节点 a_i 上的值，研究目标是预测未来某一时间点 a_t 时数值属性 B 的值 b_t，故需首先要从数据库 D 中挖掘预测知识。预测规则实现机制如图 3.2 所示，算法流程如下：

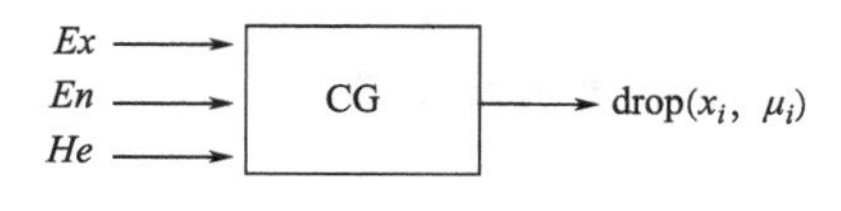

图 3.2　预测规则实现机制图

(1)根据既定的云模型参数，分别构造 A 的 x-条件云发生器和 B 的 y-条件云发生器($i=1,2,\cdots,n$)。

(2)将预测时刻历史值 a_i 输入 A 的 x-条件云发生器产生云滴 drop(a_i, u_i)($i=1,2,\cdots,n$)。

(3)云滴 drop(a_i, u_i)的隶属度 u_i 输入 B 的 y-条件云发生器产生云滴 drop(b_i, u_i)。

(4)输出预测值 b_i。

需要说明的是,算法中的云滴和输出值都不是唯一的,也不是确定的,因而这种基于云模型的规则可实现不确定推理。将隶属度 u_i 最大的云 B 作为相应的预测知识,称之为历史云。

历史云 $B_{t1}(Ex_1,En_1,He_1)$ 可揭示准周期规律。引入当前云 $I_{t2}(Ex_2,En_2,He_2)$ 表示当前趋势,其中 $I_{t2}(Ex_2,En_2,He_2)$ 可基于当前数据集 C 求得。

基于当前云对历史云进行惯性加权处理可得到综合云 $S(Ex,En,He)$。综合云定义如下:

$$Ex=\frac{Ex_1En_1+Ex_2En_2}{En_1+En_2}$$

$$En=En_1+En_2$$

$$He=\frac{He_1En_1+He_2En_2}{En_1+En_2}$$

综合云 $S(Ex,En,He)$ 可综合两种不同的预测知识。用综合云 S 替换历史云 B,便可生成道路交通事故预测规则。

3.3.2 马尔可夫修正模型

(1)马尔可夫误差修正

马尔可夫预测方法是基于状态转移的预测,将随机序列分为若干状态以预测未来时刻的状态。即将实测值与预测值的相对误差划分为 n 个状态区间,记为 $S=\{S_1,S_2,\cdots,S_n\}$,相对误差由状态 S_i 经过 k 步转移到达状态 S_j,状态转移概率 $p_{ij}(k)$ 为

$$p_{ij}(k)=\frac{F_{ij}(k)}{f_i}\quad(i=1,2,\cdots,n)\tag{3.22}$$

式中:$F_{ij}(k)$ 表示指标值序列中原始样本数;f_i 表示指标值序列中状态转移的频数。

由此得到状态转移概率矩阵:

$$\boldsymbol{P}(k)=[p_{ij}(k)]_{n\times n}\tag{3.23}$$

根据式(3.23)可以判断利用云模型算得的预测值最可能隶属的误差区间,从而进行修正。首先选取离预测时刻最近的 n 个已知的相对误差所属的状态,然后统计其到预测值的转移步数,再从与转移步数相对应的状态转移矩阵中抽取初始状态所对应的行向量组成新的概率矩阵,新概率矩阵的第 i 个列向量之和表征了预测值处于状态 S_i 的概率,取该值最大的状态 S_i 的中点作为最可能的预测值相对误差,即

1)若 $p_{kl}=\max\{p_{kj} \mid p_{kj}\in P(k)\}$，$j=1,2,\cdots,n$，则代表事故量的状态变化最有可能由状态 E_k 转移到状态 E_l。

2)若在行向量 $p_{kj}(j=1,2,3,\cdots,n)$ 中有两个或者两个以上概率相同并且都是最大值时，则下一时刻状态的转移方向是无法确定的。在这种情况下，需要计算第2步或以上状态转移概率矩阵。

一般可用中值作为未来时刻的预测值，因此，可获得根据该状态求得对应时间区间的未来时刻事故量的预测值。组合模型的预测值为

$$F(x)=\frac{f(x)}{1+\Delta}$$

$$\Delta=\frac{\Delta_u+\Delta_D}{2}$$

式中：$F(x)$ 为马尔可夫模型修正后的预测值；Δ 为平均相对误差；$f(x)$ 为云模型的预测值；Δ_u、Δ_D 分别为 $f(x)$ 所处状态区间的上、下界。

(2)组合预测模型精度检验

1)平均相对误差 λ

$$\lambda=\frac{1}{n}\sum_{t=1}^{n}\left[\frac{|\varepsilon(t)|}{x(t)}\right]\times 100\% \tag{3.24}$$

2)均方差比值 C

$$C=\frac{S_2}{S_1} \tag{3.25}$$

3)小误差概率 Q

$$Q=\{|\varepsilon(t)-\bar{\varepsilon}(t)|<0.6745\cdot S_1\} \tag{3.26}$$

式中：$\varepsilon(t)$ 和 $\bar{\varepsilon}(t)$ 分别代表残差序列和残差序列的平均值；S_1 和 S_2 分别代表原始序列和残差序列的均方差。

灰色GM(1,1)马尔可夫组合预测模型的精度一般分为4个等级(表3.2)。

表3.2　模型精度检验等级标准

模型精度等级	平均相对误差 λ	均方差比值 C	小误差概率 Q
一级(优)	0.01	$C\leqslant 0.35$	0.95
二级(良)	0.05	$0.35<C\leqslant 0.50$	0.80
三级(合格)	0.10	$0.50<C\leqslant 0.65$	0.70
四级(不合格)	0.20	$0.65<C\leqslant 0.80$	0.60

3.4 实例分析

3.4.1 短时预测

(1)预测值计算

收集济南某行政区2019年4—12月的9个时段危化品运输车辆相关的历史交通事故统计数据,应用移动优化灰色马尔可夫组合方法对该区域路段未来交通事故数量进行预测。历史交通事故数量见表3.3。

表3.3 历史交通事故数量

序号	统计期	事故数/起	一次累加值/起	序号	统计期	事故数/起	一次累加值/起	序号	统计期	事故数/起	一次累加值/起
0	1	62	62	3	4	80	331	6	7	166	837
1	2	87	149	4	5	180	511	7	8	135	972
2	3	102	251	5	6	160	671	8	9	176	1148

根据GM(1,1)计算原理,得出GM(1,1)预测模型的参数值为$a=-0.176$,$u=0.874$,进而得出道路交通事故量的GM(1,1)预测模型为

$$x^{(1)}(k)=4.375\cdot e^{0.174k}-4.7352 \tag{3.27}$$

将此累加序列值代入响应函数,通过累减还原计算,可得到数据预测序列。基于此,可生成残差数据序列,如表3.4所示。

表3.4 残差数据序列

序号	一次累加值/起	$\varepsilon(t)$	序号	一次累加值/起	$\varepsilon(t)$	序号	一次累加值/起	$\varepsilon(t)$
0	62	0	3	331	0.05	6	837	−0.09
1	149	−0.18	4	511	−0.16	7	972	0.04
2	251	0.09	5	671	0.14	8	1148	0.09

通过计算$\varepsilon(t)$的一次累加值$\varepsilon^{(1)}(t)$和二次累加值$\varepsilon^{(2)}(t)$,并带入时间响应函数公式,计算可得:$a=0.126$,$u=-0.14$。依次得到时间响应函数公式为

$$\varepsilon^{(2)}(t)=1.023e^{-0.143k}-1.324 \tag{3.28}$$

基于以上计算出交通事故GM(1,1)预测值,如表3.5所示。通过实际观测值与GM(1,1)预测值的对比可以看出,GM(1,1)预测具有一定的规律可循,其预测结果为一条平滑曲线。然而,交通事故量是受多种因素影响的不确定事件,具

有较大的波动性和随机性，因此，通过马尔可夫模型对 GM(1,1)的预测结果进行处理，进一步提高了预测结果的精确性。

表 3.5　交通事故 GM(1,1)预测结果

统计期	事故数/起	灰色预测值/起	统计期	事故数/起	灰色预测值/起	统计期	事故数/起	灰色预测值/起
1	62	62	4	80	79	7	166	172
2	87	99	5	180	169	8	135	179
3	102	112	6	160	149	9	176	184

(2)预测结果的马尔可夫移动优化

利用表 3.5 预测结果可计算交通事故灰色预测与实际统计差值，如表 3.6 所示，并设定状态 $E1$ 和 $E2$。

表 3.6　交通事故灰色预测与实际统计差值

统计期	1	2	3	4	5	6	7	8	9
差值	0	−0.12	−0.1	0.01	0.11	0.11	−0.06	−0.44	−0.08

依据马尔可夫状态转移概率矩阵计算方法，计算可得状态转移概率矩阵，如式(3.24)所示：

$$\boldsymbol{P}(k)=\begin{bmatrix}0.8746 & 0.1254\\0.6478 & 0.3522\end{bmatrix}\tag{3.29}$$

由状态转移概率矩阵以及表 3.2 数据，可以计算出道路交通事故预测值。基于移动优化策略，依次剔除原数据序列的首期数据，加入计算出的新预测值。根据 GM(1,1)马尔可夫计算原理，利用 MATLAB 编制计算机程序，得出 GM(1,1)马尔可夫移动优化策略下道路交通事故预测结果，如表 3.7 所示。

表 3.7　移动优化 GM(1,1)马尔可夫道路交通事故预测值

统计期	事故数/起	移动优化 GM(1,1)马尔可夫事故预测结果/起
1	62	62
2	87	79
3	102	99
4	80	77
5	180	179
6	160	149

续表

统计期	事故数/起	移动优化 GM(1,1)马尔可夫事故预测结果/起
7	166	167
8	135	149
9	176	184

预测结果显示，移动优化 GM(1,1)马尔可夫预测的 C 值为 0.1675，即 $C<0.35$，预测拟合精度为优，表明构建的道路交通事故预测模型是有效的，可以用于后续预测，以反映道路交通事故的发展变化趋势。由移动优化灰色马尔可夫动态预测模型计算过程及结果可得出以下结论。

(1)移动优化策略较好地改善了灰色马尔可夫预测精度受数据时效性影响的问题，每次预测均用新预测值替代时间序列中的首期数据，优化策略符合危化品运输路线实际情况，易于操作。

(2)将灰色预测与马尔可夫方法相结合，既利用了灰色预测对样本数据数量要求低的优势，又兼顾马尔可夫方法改良灰色预测进行事故预测误差较大的问题，进一步采用残差修正模型，对灰色预测数据进行修正，可有效提高事故预测精度。

(3)基于移动优化策略，有效规避了在数据较为有限的情况下，预测结果精度很大程度上取决于观测样本的质量和数量问题，只需少量数据即可完成预测，并且案例分析表明，能获得较高的预测精度。

(4)移动优化灰色马尔可夫方法为交通事故量预测问题提供了一种新的思路，较为注重新信息的采集与使用，在一定程度上弥补了灰色马尔可夫方法的应用局限性，拓宽了其应用范围，也更加符合预测场景。案例分析表明，该方法计算简单、有效、可靠度高。

3.4.2 长时预测

为实现危化品运输交通事故长时预测并检验预测方法的有效性，选取 2018 年 1 月 1 日至 2019 年 1 月 1 日济南市某区县危化品运输相关道路交通事故的观测值作为原始样本，如图 3.3 所示(每周作为一个观测期)。选用 2019 年 1 月 2 日至 2019 年 9 月 1 日(每周作为一个观测期)数据作为输入，采用云模型进行长时事故数量预测，其中，前 31 期数据作为拟合样本以获得相对误差数据，后 4 期作为组合模型的预测样本。

按照长时预测算法步骤，输入危化品运输相关道路交通事故数据，构建时间云模型。2018 年危化品运输相关事故呈现一定的波动上升趋势，按照波动特性

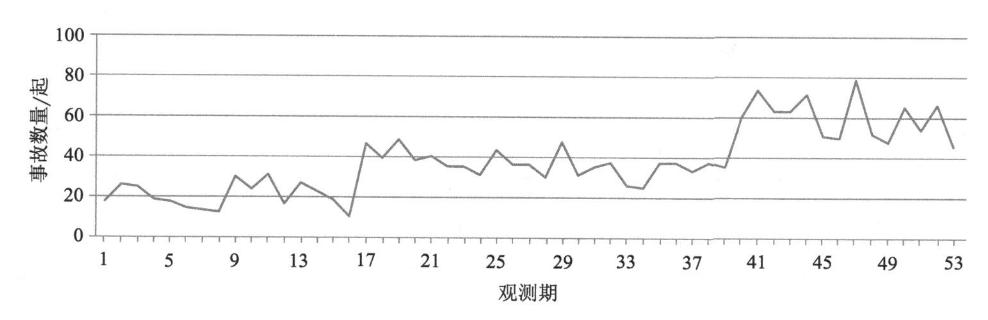

图 3.3　危化品运输相关道路交通事故

可划分 4 个预测区间：[10,30)、[30,50)、[50,70)、[70,80)，分别记为区间 1、区间 2、区间 3、区间 4。首先，基于各期统计数据进行预测，进一步将预测值作为历史数据集 H 构建历史云 $B(Ex, En, He)$。其次，判别各历史时刻道路交通事故的隶属区间并计算其隶属度。最后，由道路交通事故值与对应时刻的隶属度组成历史云 B_i 云滴，将属于同一概念的历史云云滴输入逆向云发生器，求得各历史云的特征参数。以预测 2019 年第 32 期道路交通事故数为例，基于当前云对历史云进行惯性加权处理，得到特征参数，产生综合云 $S(Ex, En, He)$，如表 3.8 所示。

表 3.8　综合云特征参数

特征值	区间 1	区间 2	区间 3	区间 4
Ex	24	42	59	72
En	22.1	19.6	26.4	18
He	3.5	4.2	4	2.9

基于综合云进行预测，循环若干次获得足够数量的云滴，依据云滴所处区间判定预测时刻事故数量所处的预测值。进一步将此预测值引入当前云，通过不断更新当前云模型完成下一次预测，获得预测期内所有预测值。

采用马尔可夫链对预测数据进行误差修正，将相对误差所处的状态划分为 4 个状态区间，如表 3.9 所示。

表 3.9　状态区间的划分

状态编号	相对误差区间/%
$S1$	[−2,−1)
$S2$	[−1,0)

续表

状态编号	相对误差区间/%
$S3$	[0,1)
$S4$	[1,2)

将云模型预测值的相对误差输入马尔可夫链。取离预测时间最近的4个研究期的相对误差状态，并统计这4个已知状态转移到预测研究期所需的步数，经计算获得4个状态转移矩阵：

$$\boldsymbol{P}(1)=\begin{pmatrix} 0 & \frac{1}{2} & \frac{1}{4} & \frac{1}{4} \\ 0 & \frac{3}{5} & \frac{2}{5} & 0 \\ \frac{1}{3} & \frac{1}{6} & \frac{1}{3} & \frac{1}{6} \\ \frac{1}{4} & 0 & \frac{1}{4} & \frac{1}{2} \end{pmatrix},\ \boldsymbol{P}(2)=\begin{pmatrix} 0 & \frac{1}{2} & \frac{1}{2} & 0 \\ \frac{1}{5} & \frac{2}{5} & \frac{2}{5} & 0 \\ \frac{1}{5} & \frac{1}{5} & \frac{1}{5} & \frac{2}{5} \\ \frac{1}{4} & \frac{1}{4} & \frac{1}{4} & \frac{1}{5} \end{pmatrix}$$

$$\boldsymbol{P}(3)=\begin{pmatrix} 0 & \frac{1}{4} & \frac{1}{2} & \frac{1}{4} \\ \frac{1}{4} & \frac{1}{2} & \frac{1}{4} & 0 \\ 0 & \frac{1}{5} & \frac{2}{5} & \frac{2}{5} \\ \frac{1}{2} & \frac{1}{2} & 0 & 0 \end{pmatrix},\ \boldsymbol{P}(4)=\begin{pmatrix} \frac{1}{4} & \frac{1}{4} & \frac{1}{4} & \frac{1}{4} \\ \frac{1}{3} & \frac{2}{3} & 0 & 0 \\ \frac{1}{5} & 0 & \frac{2}{5} & \frac{2}{5} \\ 0 & \frac{3}{4} & \frac{1}{4} & 0 \end{pmatrix}$$

在每个状态转移矩阵中取相对应的行向量，最后按列求和，得到相对误差最可能所属的状态，如表3.10所示。

表3.10 相对误差所属状态

		转移步数	状态	$S1$	$S2$	$S3$	$S4$
预测期	32期	4	$S1$	0.31	0.69	0	0
	33期	3	$S2$	0.25	0.50	0.25	0
	34期	2	$S3$	0.20	0.20	0.20	0.40
	35期	1	$S4$	0	0.60	0.40	0
合计				0.76	1.99	0.85	0.40

由表3.10可知，2019年第1个预测期的相对误差最可能处于$S2$状态，由此

可计算出其修正后的值为 31,属于区间 2。依此类推可获得其他预测期的预测值,从而得到基于马尔可夫链修正的云模型事故预测结果,如表 3.11 所示。

表 3.11　精度检验

预测期	实测值	预测值
32 期	31	28
33 期	34	35
34 期	28	28
35 期	24	21

预测结果显示,预测的 C 值均小于 0.5,预测拟合精度优良,说明构建的道路交通事故基于马尔可夫链修正的云模型是有效的,可以用于后续预测,以反映道路交通事故的发展变化趋势。

第4章　危化品运输路线安全风险识别演化评估技术

危化品运输路线交通事故风险变化，是围绕人因核心要素，同时与车辆、环境和管理等风险要素相互作用、相互影响发生非线性变化的过程。本章在识别危化品运输路线事故风险要素基础上，建立风险演化系统动力学模型，揭示危化品运输安全系统结构及风险动态演化规律，通过调整车辆安全技术水平、管理机制、安全教育培训、安全投入比例进行策略组合，生成7类仿真情景进行模拟仿真，能够实现以较小投入获取较大安全风险收益的事故防控目标情景，针对事故风险提出了评估和等级划分方法。

4.1　风险因素识别

利用交通监测设备实时采集危化品运输路线交通运行安全数据，通过通信网络传至计算终端或计算中心后，综合道路、车辆快速有效识别风险因素评估事故风险，是实现事故预警与风险防控的基础，识别结果的准确性和完整性对风险评估和风险管控水平、质量具有决定性作用（吴岩，2012）。目前，常用的风险因素识别方法主要有事故树分析（郝彩霞 等，2012）、安全检查表法（Sabidussi，1966），以及主成分分析法、聚类分析法、瑞士奶酪模型、可靠性和误差分析等方法，从简单的线性致因模型发展到复杂线性模型。危化品运输安全是由驾驶员、运输车辆、安全管理、道路环境等多个要素相互联系和作用形成的动态复杂系统，可将影响交通安全的各个风险要素作为单个点，风险要素与要素之间的关系表示为边，则危化品运输安全系统形成了一个复杂网络。复杂网络理论是描述复杂系统和揭示客观事实之间关联关系拓扑结构的工具，广泛应用于移动通信、电力系统、社会网络等领域，一些学者将复杂网络应用到风险因素、事故致因识别领域。在营运货车交通事故风险因素识别方面，应用共现分析法计算邻接矩阵和杰卡德（Jaccard）指数确定人、车、环境、管理四方面29个风险因素间的关联性，基于复杂网络理论建立营运货车交通事故风险因素网络模型，判断各风险因素的重要程度。事故致因分析方面，运用复杂网络构建了公路、铁路、航空事故致因模型，主要通过分析复杂网络节点度、介数等统计特征,明晰事故致因关键因素及各因素间关联性。评估危化品运输路线交通安全风险,关键是厘清运输安全系统宏观现象和微观风险因素形态相互之间的紧密关系,复杂网络理论是描述复杂系统和揭示客观事实之间关联关系的工具,具有高度的契合性和适应性。

4.1.1 复杂网络模型原理

复杂网络是一种基于图论对复杂系统进行抽象和建模的方法,用节点表示系统内部的元素,用边表示元素之间的关系。危化品运输路线交通事故是多个安全风险要素相互影响、共同作用的结果。因此,可以将危化品运输路线交通事故风险因素间的相互作用抽象为复杂网络模型。

复杂网络模型的统计特性包括节点的度和度分布、网络直径和平均路径长度、聚类系数、中介中心性。

(1)节点的度和度分布

节点的度指与该节点相邻的所有节点的数目,即连接该节点的边的数目,是表征节点重要性和对周边节点影响力的重要参数。节点的度一般采用加权的方式表示,记为 k_i,除计算某一个节点的度,也可计算整个网络模型的平均度,网络模型的平均度 k 指网络中节点数的平均值,用整个网络的节点加权度之和除以节点的数目表示,如式 4.1 所示:

$$k=\sum_{i=1}^{N}k_i/N \tag{4.1}$$

式中:N 为整个网络模型中的节点数量。

除节点的度与节点的平均度外,度分布 $p(j)$表示在网络图中任意取一个节点,它的度为 j 的概率,通常用网络中度为 j 节点的数目 N_j 占网络中节点总数目 N 的比值表示,如式(4.2)所示:

$$p(j)=\frac{N_j}{N} \tag{4.2}$$

(2)网络直径和平均路径长度

网络直径指两个节点之间最短路径上的边数,平均路径长度指网络中所有节点间最短路径的平均步数,表明网络节点之间的分离程度,平均路径越短,信息或能量从一个节点传到另一个节点的中间节点越少。

(3)聚类系数

对于一个网络模型,通过中间节点相连接的两个节点,往往也直接通过一条边连接。在复杂网络中,通常用节点的聚类系数 C_j 表示与节点 j 直接相连的全部节点所构成的子网中的现有边数 E_j 与最大可能边数之比:

$$C_j = \frac{2E_j}{k_j(k_j - 1)} \tag{4.3}$$

式中：k_j 为节点 j 的度，表示网络中节点 j 有 k_j 个节点相连接。按照图形的直观定义，C_j 是节点 j 相连的三角形数量与以节点 j 为中心的三元组数量的比值，表示如下：

$$C_j = \frac{\text{节点 } j \text{ 相连的三角形数量}}{\text{节点 } j \text{ 为中心的三元组数量}} \tag{4.4}$$

整个网络的聚类系数是所有节点聚类系数 C_j 的平均值，全联通网络的聚类系数为 1，当网络的规模极大时，随机网络的聚类系数趋近于零。对于现实中大多数有影射关系的复杂网络，聚类系数显著大于零，具有明显的聚类特征。

(4)中介中心性

中介中心性可以表示为紧密度中心性、介数中心性和特征向量中心性。

①紧密度中心性。在拓扑学与相关领域中，紧密度往往被认为是一个很重要的概念，当两个集合的距离任意近时，则它们是紧密的。在图论中，紧密度表征图中某个节点与其他节点连接的紧密程度，某个节点的紧密度中心性是该节点到网络中其他所有节点的最短路径之和。从整个模型的节点出发，就是求该节点到其他所有节点的平均最短距离，如式(4.5)所示：

$$d_i = \frac{1}{N-1}\sum_{j \neq i} d_{ij} \tag{4.5}$$

式中：d_{ij} 为由节点 i 到节点 j 的最短距离。一个节点的平均最短距离 d_i 越小，则该节点的紧密度中心性越大。d_i 越小表示当前节点更接近网络中的其他节点，于是把 d_i 的倒数定义为当前节点的紧密度中心性，即 CC_i，如式(4.6)所示：

$$CC_i = \frac{1}{d_i} = \frac{N-1}{\sum_{j \neq i} d_{ij}} \tag{4.6}$$

如果节点 i 和节点 j 之间没有路径可达，定义 d_{ij} 为无穷大，则其倒数为 0。

②介数中心性。介数表征节点在整个网络中的作用与影响力，介数中心性反映了节点作为“桥梁”的重要程度。一个节点的介数中心性数值代表着这个节点在整个网络模型中起到的中介作用大小，即在所有最短路径中经过该节点的路径数目占最短路径总数的比例。对于有权图可采用 Dijkstra 算法求最短路径(Brandes，2004)。节点介数中心性计算公式如下：

$$C_B(v) = \sum_{s \neq v \neq t \in V} \frac{\sigma_{st(v)}}{\sigma_{st}} s \tag{4.7}$$

式中：$\sigma_{st(v)}$ 为经过节点 v 的节点 s 到节点 t 的最短路径条数；σ_{st} 为节点 s 到节点 t 的最短路径条数；V 为所有节点的集合。

③特征向量中心性。一个节点的重要性既取决于其相邻节点的数量(即该节点的度),也取决于其相邻节点的重要性。记 x_i 为节点 v_i 的重要性度量值,则

$$EC(i)=x_i=\frac{1}{\lambda}\sum_{j\in M(i)}x_j=\frac{1}{\lambda}\sum_{j=1}^{N}\boldsymbol{A}_{i,j}x_j \tag{4.8}$$

式中:$\boldsymbol{A}_{i,j}$ 为节点的邻接矩阵,λ 为比例常数,经过多次迭代达到稳定状态时,矩阵 $\boldsymbol{X}=c\boldsymbol{AX}$,或者特征方程 $\lambda_x=\boldsymbol{AX}$。

4.1.2　事故风险因素识别

危化品运输路线交通事故,是运输系统中风险因素出现失控或者相关因素之间交互出现异常生成的隐患风险演化的结果。目前,涉及危化品运输相关的道路交通事故详情记录在公安交管部门事故处理系统及案卷中,各类交通事故致因错综复杂、种类繁多,相同或相近的风险因素在不同交通事故中表现各异,为事故风险因素识别增加了难度(刘川 等,2019)。

通过汇聚历年涉及危化品运输车辆事故、运输企业驾驶员和车辆监测、道路环境等多源数据,应用 4.1.1 节提出的复杂网络模型,计算确定危化品运输事故各类致因的重要性。依据事故致因重要性结果排序,提取事故致因指标作为风险因素,进一步将风险因素划分为 4 个方面 8 大类,如表 4.1 所示。

表 4.1　危化品运输事故风险因素

对象		类别	
P_1	人员风险	K_1	从业能力
		K_2	驾驶员操作失误
P_2	车辆风险	K_3	车辆安全技术水平
		K_4	大型车辆集聚
P_3	环境风险	K_5	道路风险
		K_6	交通风险
P_4	管理风险	K_7	管理机制保障
		K_8	风险预警保障

4.2　风险生成及评价指标

4.2.1　风险生成过程

道路交通安全风险(traffic safety risk,TSR),是指道路交通系统在未来一定

时段内，可能出现的由车辆造成该系统内不确定对象的人员伤亡或财产损失的情况。危化品运输路线交通安全风险，可定义为未来短时或长时段内危化品运输路线可能发生涉及危化品运输车辆的交通事故，并造成人员伤亡或财产损失的情景。依据历史交通事故数据统计分析结果，危化品运输路线交通安全风险源主要来自驾驶员、运输车辆、道路与交通环境、交通管控策略 4 个方面，进一步分析风险源要素与风险生成链，为风险识别提供依据。

(1)风险源要素

危化品运输路线每个交通安全风险源构成包括 4 个要素。

1)发生时间。危化品运输路线交通安全风险是指在未来较短时段或较长时段内，涉及危化品运输车辆的安全风险。

2)发生地点。未来时段危化品运输路线发生交通安全风险事件影响范围内没有危化品运输车辆的路段风险不累加计入风险评估结果。

3)情景对象。危化品运输路线交通安全风险描述的对象是在道路上运行的危化品运输车辆，涉及危化品运输安全的交通参与者、道路环境和交通管控策略，不包括车辆罐体自身安全设备失效导致的风险。

4)情景结果。未来一段时间内，由风险要素相互作用诱发的交通事故风险，造成人员伤亡或财产损失。

依据危化品运输路线交通安全风险源构成要素，交通安全风险特征如表 4.2 所示。

表 4.2　危化品运输路线交通安全风险特征

序号	类别	特征
1	预测性	危化品运输路线交通安全风险可表示为由历史交通事件数据预测未来时间内发生交通事件的概率与交通事件后果的乘积，这两项指标均可按第 3 章所述方法进行预测
2	致损性	危化品运输路线交通安全风险结果，指造成人员伤亡或财产损失(包括环境污染)，或引发交通拥堵产生延误时间成本
3	不确定性	未来时间内危化品运输路线交通安全风险具有偶发性，是不确定的，可能的结果具有多样性，当交通状态、驾驶员心理及生理状态，以及行驶条件不断变化时，交通安全风险出现不确定性
4	客观性	危化品自身潜在的危险性，以及道路运输过程中外部条件的动态变化，决定了危化品运输路线交通安全风险的客观存在
5	耦合性	影响危化品运输安全的要素具有多样化，包括影响人、车、环境、管理等产生的基本风险，也包括社会影响等特殊风险，并且每一种风险的发生都会影响其他风险，各要素风险间具有耦合特性

(2)风险生成链

从风险生成的角度看,危化品运输路线安全风险是由风险因素、风险事件和风险结果三者组成的统一体。依据危化品运输路线事故特性及风险评估,危化品运输路线交通安全风险生成链如图4.1所示。

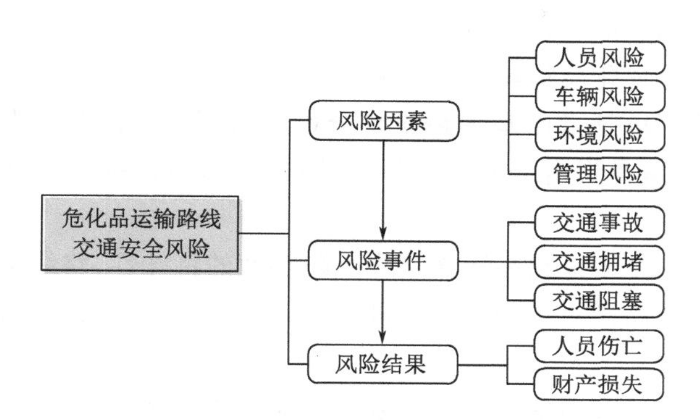

图4.1　危化品运输路线交通安全风险生成链

由图4.1可知,危化品运输路线交通安全风险因素是风险存在和生成的基础条件,也是风险形成的必要条件,包括驾驶员、运输车辆、道路与交通环境、交通管控策略4个方面。风险事件是风险的表现,包括影响危化品运输安全的交通事故以及交通拥堵和阻塞状态。风险结果是指非故意、非预期和非计划的人员伤害和经济价值减少,直接表现为人员伤亡和财产损失。

危化品运输路线交通安全风险生成过程可表示为

$$r_s=f_s(h,p,l) \tag{4.9}$$

式中:r_s为危化品运输路线s的风险;h为危化品运输路线s的风险因素;p为危化品运输路线s发生风险事故的概率;l为危化品运输路线风险造成的人员伤亡和财产损失。

4.2.2　风险评价指标

(1)风险因素

危化品运输路线交通安全风险因素是风险结果的致因。依据涉及危化品运输车辆的交通事故特征及风险生成链,危化品运输路线交通安全风险主要表现在4个方面。

1)人的失误。驾驶员的高风险驾驶行为影响车辆正常运行,操作失误或造成危化品运输车辆约束失控,是风险事件致因的关键要素。危化品运输车辆驾驶员由于个人生理、心理原因,或受外界环境干扰,一方面表现为激烈驾驶,出现超速、压线或频繁变换车道等高风险行为,另一方面表现为驾驶反应时间延长、驾驶心理负荷加重，诱使驾驶操作失误率增加。

2)车辆故障。危化品运输路线通常为跨区域国省干道或高速公路，路线延伸里程长，路况构成复杂，需要运输车辆长时间高负荷运行。受车辆自身安全技术水平及维修保养等因素影响，车辆及装载危化品罐体或车厢容易发生故障，造成车辆故障或危化品泄漏引发交通事故。

3)环境干扰。危化品运输路线风险事件环境要素包括道路环境和交通环境两个方面。道路环境是指由基本路段划分(2.2 节内容)获得的不同特征的最小路段单元，交通环境是指由交通状态识别获得的自由流、拥堵流和阻塞流 3 类交通状态(2.3 节内容)。

4)管理缺陷。鉴于危化品运输路线风险特性的特殊性，路线沿途需要根据交通运行情况及重点路段对车辆驾驶员进行预警提示，并组织警力对重点路段进行安全巡逻。

危化品运输路线交通安全风险因素结构如图 4.2 所示。

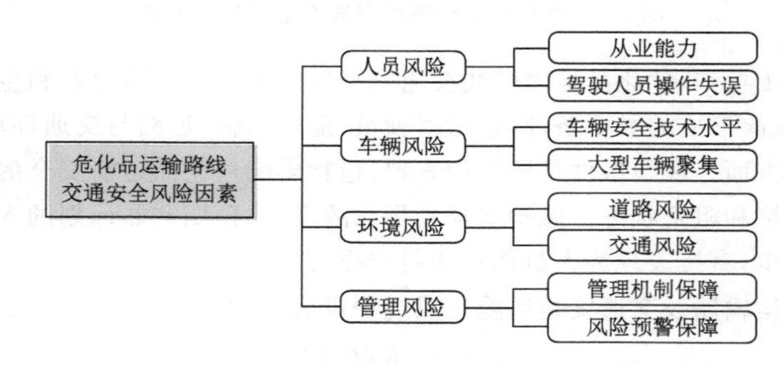

图 4.2　危化品运输路线交通安全风险因素结构

(2)风险评价指标体系

按照危化品在途运输过程可获取的数据源及统计情况，构建风险因素评价指标体系，包括 4 个方面 8 大类 20 子类，如表 4.3 所示。

表 4.3　危化品运输路线交通安全风险因素评价指标体系

对象		类别			风险评价指标	
P_1	人员风险	K_1	从业能力	驾驶员	Y_{11}	超速行驶率
					Y_{12}	车道偏离率
					Y_{13}	跟车车距安全率
				管理员	Y_{14}	安全培训优秀率
		K_2	驾驶员操作失误		Y_{21}	驾驶操作紧急率
					Y_{22}	驾驶操作失误率
					Y_{23}	驾驶员违法率

续表

对象		类别		风险评价指标	
P_2	车辆风险	K_3	车辆安全技术水平	Y_{31}	新车比例(3 年内车龄)
				Y_{32}	车辆维保及时率
		K_4	大型车辆集聚	Y_{41}	大型货车比例
				Y_{42}	大型客车比例
				Y_{43}	大型车辆集结率
P_3	环境风险	K_5	道路风险	Y_{51}	一类路段比例
				Y_{52}	二类路段比例
		K_6	交通风险	Y_{61}	阻塞率
				Y_{62}	拥堵率
P_4	管理风险	K_7	管理机制保障	Y_{71}	事故多发点段比例
				Y_{72}	安全隐患路段比例
		K_8	风险预警保障	Y_{81}	预警提示覆盖率
				Y_{82}	重点路段巡逻率

1)超速行驶率 Y_{11}，是指目标路段车辆超速行驶里程 SL 占路段总里程 L 的比例，如式(4.10)所示：

$$Y_{11}=\frac{SL}{L} \tag{4.10}$$

2)车道偏离率 Y_{12}，是指目标路段车辆压线行驶里程 YL 占路段总里程 L 的比例，如式(4.11)所示：

$$Y_{12}=\frac{YL}{L} \tag{4.11}$$

3)跟车车距安全率 Y_{13}，是指目标路段相邻车辆保持安全跟车车距的里程 AL 占路段总里程 L 的比例，如式(4.12)所示：

$$Y_{13}=\frac{AL}{L} \tag{4.12}$$

4)安全培训优秀率 Y_{14}，是指危化品运输企业管理员安全培训考评优秀人员数量 YR 占总管理员数量 GR 的比例，如式(4.13)所示：

$$Y_{14}=\frac{YR}{GR} \tag{4.13}$$

5)驾驶操作紧急率 Y_{21}，是指行经目标路段的危化品运输车辆驾驶员急打方向盘次数 JD 和急刹车次数 JS 之和与驾驶操作总次数 SW 的比例，如式(4.14)所示：

$$Y_{21}=\frac{JD+JS}{SW} \tag{4.14}$$

6)驾驶操作失误率 Y_{22}，是指行经目标路段的危化品运输车辆驾驶员操作失误的次数 SW' 与驾驶操作总次数 SW 的比例，如式(4.15)所示：

$$Y_{22}=\frac{SW'}{SW} \tag{4.15}$$

7)驾驶员违法率 Y_{23}，是指行经目标路段的车辆中发生交通违法的车辆数 WF' 与交通流量 V 的比例，如式(4.16)所示：

$$Y_{23}=\frac{WF'}{V} \tag{4.16}$$

8)新车(3年内车龄)比例 Y_{31}，是指单位目标路段3年内车龄危化品运输车辆数 WC 与交通流量 V 的比例，如式(4.17)所示：

$$Y_{31}=\frac{WC}{V} \tag{4.17}$$

9)车辆维保及时率 Y_{32}，是指目标路段维保频率低于行业平均水平的危化品运输车辆数 TJ 与交通流量 V 的比例，如式(4.18)所示：

$$Y_{32}=\frac{TJ}{V} \tag{4.18}$$

10)大型货车比例 Y_{41}，是指目标路段内大型货车车辆数 HC 与交通流量 V 的比例，如式(4.19)所示：

$$Y_{41}=\frac{HC}{V} \tag{4.19}$$

11)大型客车比例 Y_{42}，是指目标路段内大型客车车辆数 KC 与交通流量 V 的比例，如式(4.20)所示：

$$Y_{42}=\frac{KC}{V} \tag{4.20}$$

12)大型车辆集结率 Y_{43}，是指目标路段3辆以上大型车辆相邻同向行驶时间 DJ 与通过目标路段总时长 T 的比例，如式(4.21)所示：

$$Y_{43}=\frac{DJ}{T} \tag{4.21}$$

13)一类路段比例 Y_{51}，是指危化品运输路线内线形指标变化与事故多发同时存在的基本路段长度 YL 占路段总里程 L 的比值，如式(4.22)所示：

$$Y_{51}=\frac{YL}{L} \tag{4.22}$$

14)二类路段比例 Y_{52}，是指危化品运输路线内线形指标变化或事故多发基本路段总长度 EL 占路段总里程 L 的比值，如式(4.23)所示：

$$Y_{52}=\frac{EL}{L} \tag{4.23}$$

15)阻塞率 Y_{61},是指目标路段阻塞流发生时间 ZS 占统计时长 TT 的比例,如式(4.24)所示:

$$Y_{61}=\frac{ZS}{TT} \tag{4.24}$$

16)拥堵率 Y_{62},是指目标路段拥堵流发生时间 YD 占统计时长 TT 的比例,如式(4.25)所示:

$$Y_{62}=\frac{YD}{TT} \tag{4.25}$$

17)事故多发点段比例 Y_{71},是指危化品运输路线内事故多发点段里程 SD 占路段总里程 L 的比例,如式(4.26)所示:

$$Y_{71}=\frac{SD}{L} \tag{4.26}$$

18)安全隐患路段比例 Y_{72},是指危化品运输路线内隐患路段里程 YH 占路段总里程 L 的比例,如式(4.27)所示:

$$Y_{72}=\frac{YH}{L} \tag{4.27}$$

19)预警提示覆盖率 Y_{81},是指危化品运输路线内可接收预警信息路段里程 YJ 占路段总里程 L 的比例,如式(4.28)所示:

$$Y_{81}=\frac{YJ}{L} \tag{4.28}$$

20)重点路段巡逻率 Y_{82},是指危化品运输路线内交通警察实时巡逻路段里程 XL 占路段总里程 L 的比例,如式(4.29)所示:

$$Y_{82}=\frac{XL}{L} \tag{4.29}$$

4.3　风险演化过程与仿真

4.3.1　风险演化过程

4.3.1.1　系统边界与风险因素

(1)系统边界

划分系统边界的目的是确定危化品运输安全系统包含的风险要素,以及风险要素之间的相互作用关系,形成完整的闭合回路。依据危化品运输路线历史交通事故致因及形态统计数据,运输风险因素可归结为人员、车辆、环境和管理 4 个方面,各因素间相互作用表现为交通事故发生的概率及损失。此外,风险要素相互影响不包含恶劣天气、不可抗力等外部事故致因(孙广林 等,2020c)。

(2)风险因素

危化品运输路线交通安全风险因素,既是诱发交通事故风险的诱因,也是风险演化传导的载体。

1)人的失误。人员风险包括驾驶员和管理员风险,人员从事运输或安全管理过程中,由于安全行车意识和从业能力的限制,出现高风险行为。

2)车辆故障。危化品运输车辆长时间运行致使可靠性下降,造成车辆故障引发车辆安全风险。

3)环境干扰。危化品运输环境主要由道路环境和交通环境组成,其综合影响可采用交通事故进行表征。其中,道路环境中线形设计指标要素与交通事故直接相关(曾明 等,2011)。

4)管理缺陷。通过危化品运输车辆 GPS(全球定位系统)与远程视频监控,可实现远端安全风险预警、实时发布安全提示等管理干预措施,有效降低运输安全风险。

4.3.1.2 风险演化过程

危化品道路运输交通安全风险演化是风险因素在外界条件干扰下相互作用的过程,当系统风险由量变突破一定阈值发生质变时,则诱发交通事故。危化品运输安全风险演化过程如图 4.3 所示。

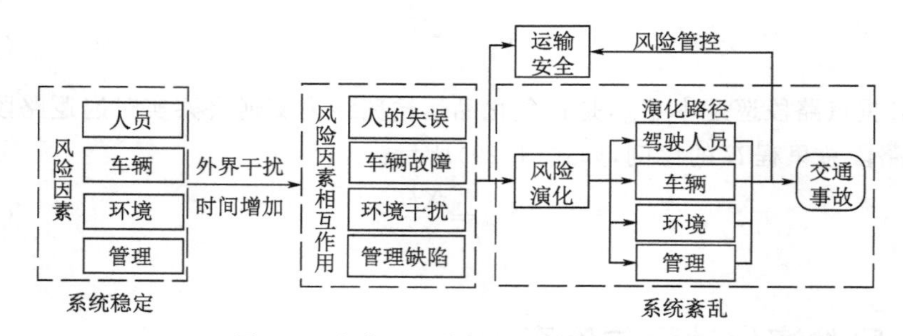

图 4.3 危化品运输安全风险演化过程

危化品道路运输过程中,车辆驾驶员是安全风险源的核心要素,当驾驶员、车辆、环境和管理风险子系统受外界条件影响相互作用,安全风险处于可调控范畴内时,系统处于稳定状态。当驾驶员的失误、车辆故障、环境干扰或管理缺陷相互叠加作用,随时间演进导致其中一个或多个子系统风险突破一定阈值,若及时控制风险发展趋势,系统重回运输安全稳定状态,若系统风险失控,则导致交通事故发生,系统处于紊乱状态。

4.3.2 风险演化模型

依据危化品运输交通事故风险因素识别结果和风险评价指标体系,建立人员、车辆、环境、管理各子系统变量因果关系图和系统动力学流图，量化各子系统间的反馈与控制，表征系统风险要素之间的作用关系。因果关系图中“＋”表示变量间为正相关关系，“－”表示变量间为负相关关系。

(1)人员风险子系统

安全教育培训与运输人员风险直接相关，决定了驾驶员安全行车意识和从业能力，以及管理员从业能力。人员风险子系统因果关系如图 4.4 所示。

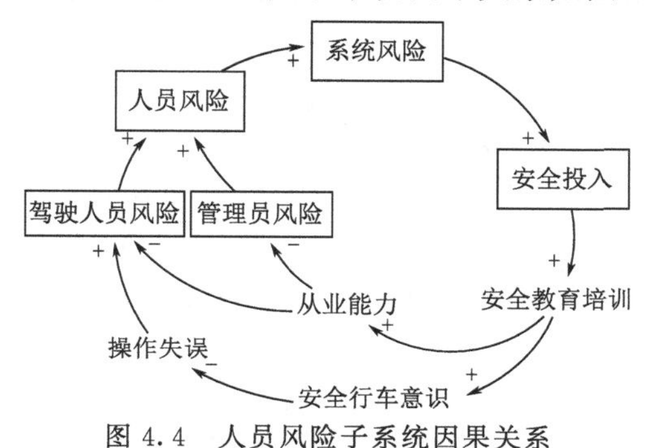

图 4.4　人员风险子系统因果关系

图 4.4 中包含 3 个负反馈回路：

负反馈回路Ⅰ：人员风险$\xrightarrow{+}$系统风险$\xrightarrow{+}$安全投入$\xrightarrow{+}$安全教育培训$\xrightarrow{+}$从业能力$\xrightarrow{-}$管理员风险$\xrightarrow{+}$人员风险。

负反馈回路Ⅱ：人员风险$\xrightarrow{+}$系统风险$\xrightarrow{+}$安全投入$\xrightarrow{+}$安全教育培训$\xrightarrow{+}$从业能力$\xrightarrow{-}$驾驶员风险$\xrightarrow{+}$人员风险。

负反馈回路Ⅲ：人员风险$\xrightarrow{+}$系统风险$\xrightarrow{+}$安全投入$\xrightarrow{+}$安全教育培训$\xrightarrow{+}$行车安全意识$\xrightarrow{-}$操作失误$\xrightarrow{+}$驾驶员风险$\xrightarrow{+}$人员风险。

(2)车辆风险子系统

运输车辆风险主要取决于车辆安全技术水平，它可以有效降低车辆故障引发的事故风险。车辆风险子系统因果关系如图 4.5 所示。

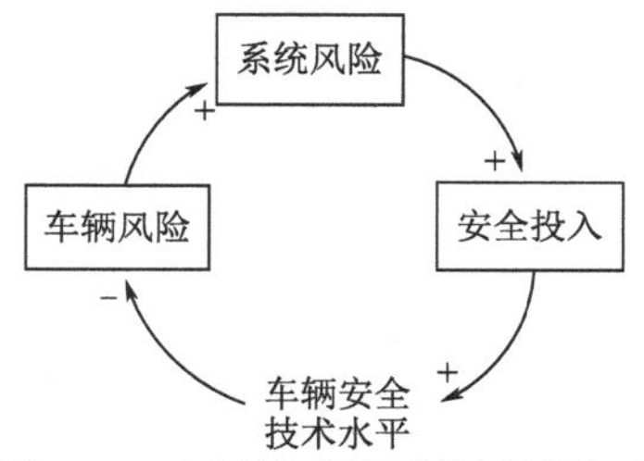

图 4.5　车辆风险子系统因果关系

图 4.5 中包含 1 个负反馈回路：

负反馈回路Ⅰ：车辆风险$\xrightarrow{+}$系统风险$\xrightarrow{+}$安全投入$\xrightarrow{+}$车辆安全技术水平$\xrightarrow{-}$车辆风险。

(3)环境风险子系统

危化品运输环境风险包括道路环境和交通环境 2 个要素，可采用交通事故进行表征，驾车操作失误和道路线形设计指标是造成交通事故的主要原因。环境风险子系统因果关系如图 4.6 所示。

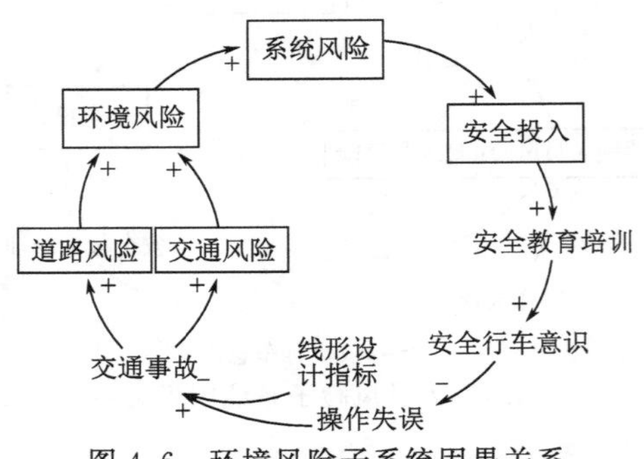

图 4.6　环境风险子系统因果关系

图 4.6 中包含 2 个负反馈回路：

负反馈回路Ⅰ：环境风险$\xrightarrow{+}$系统风险$\xrightarrow{+}$安全投入$\xrightarrow{+}$安全教育培训$\xrightarrow{+}$安全行车意识$\xrightarrow{-}$操作失误$\xrightarrow{+}$交通事故$\xrightarrow{+}$道路风险$\xrightarrow{+}$环境风险。

负反馈回路Ⅱ：环境风险$\xrightarrow{+}$系统风险$\xrightarrow{+}$安全投入$\xrightarrow{+}$安全教育培训$\xrightarrow{+}$安全行车意识$\xrightarrow{-}$操作失误$\xrightarrow{+}$交通事故$\xrightarrow{+}$交通风险$\xrightarrow{+}$环境风险。

(4)管理风险子系统

危化品运输管理风险是风险要素相互作用缓慢累积变化的结果，取决于风险预警能力。风险预警能力与管理机制完善程度、人员安全教育培训相关。管理风险子系统因果关系如图 4.7 所示。

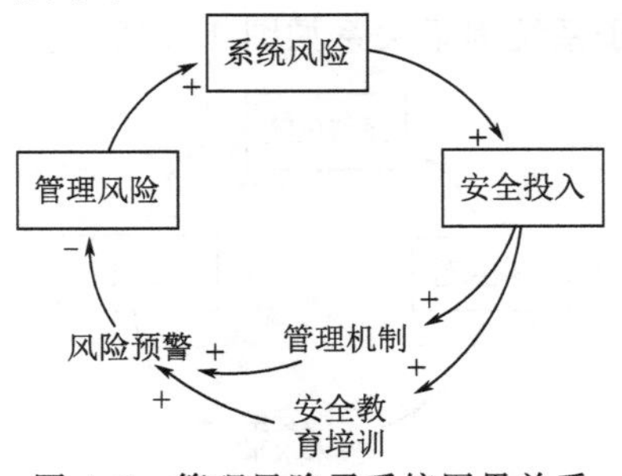

图 4.7　管理风险子系统因果关系

图 4.7 中包含 2 个负反馈回路：

负反馈回路Ⅰ：管理风险 $\xrightarrow{+}$ 系统风险 $\xrightarrow{+}$ 安全投入 $\xrightarrow{+}$ 安全教育培训 $\xrightarrow{+}$ 风险预警 $\xrightarrow{-}$ 管理风险。

负反馈回路Ⅱ：管理风险 $\xrightarrow{+}$ 系统风险 $\xrightarrow{+}$ 安全投入 $\xrightarrow{+}$ 管理机制 $\xrightarrow{+}$ 风险预警 $\xrightarrow{-}$ 管理风险。

(5)系统流图

依据人员、车辆、环境、管理 4 个风险子系统因果关系包含的 8 个负反馈回路，借助 Vensim_PLE 软件建立系统流图，描述危化品运输安全系统风险演化的累积效应，如图 4.8 所示。

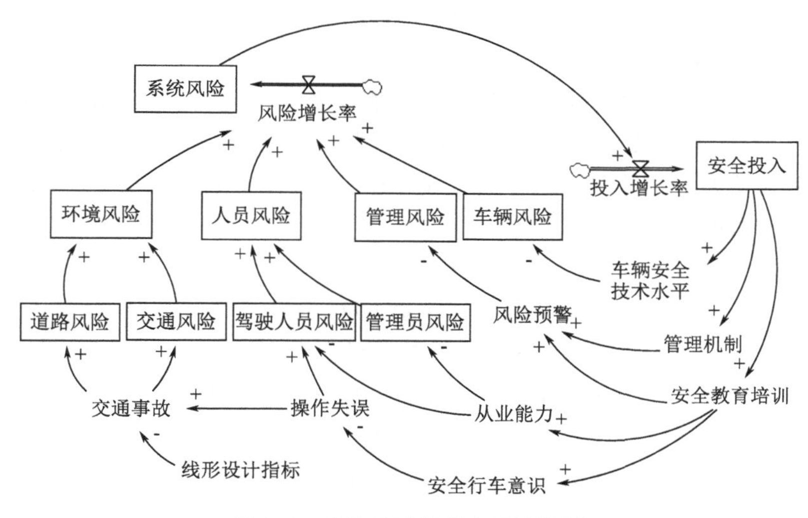

图 4.8　危化品运输安全系统流图

4.3.3　风险系统动力学方程

4.3.3.1　系统变量

危化品运输安全系统动力学模型变量包括状态变量、辅助变量、速率变量，如表 4.4 所示。

表 4.4　危化品运输安全系统变量及符号

变量		符号	变量	符号
状态变量	系统风险	SR	环境风险	CR
	人员风险	PR	交通风险	TR

续表

变量		符号	变量	符号
状态变量	驾驶员风险	DR	道路风险	RR
	管理员风险	MRs	管理风险	MR
	车辆风险	VR	安全投入	SSI
速率变量	风险增长率	Rgr	投入增长率	Igr
辅助变量	从业能力	Pa	车辆安全技术水平	Vst
	操作失误	Miso	管理机制	Mm
	安全行车意识	Sdc	风险预警	Rpw
	安全教育培训	Set	交通事故	Ra
常量	线形设计指标	Li		

4.3.3.2 动力学方程

系统动力学建模过程体现了危化品运输安全风险蔓延、转化、衍生和耦合的演化过程，通过仿真风险演化过程和演化阶段，进一步揭示风险演化的机理。本书采用系统动力学软件 Vensim_DSS 建立模型，定义 λ 为变量的影响因子，危化品运输安全系统动力学方程如下：

(1)状态方程

$$\text{L1}: \text{SR}=A+\text{Rgr}\cdot\text{DT}$$

$$\text{L2}: \text{PR}=\lambda_{11}\cdot\text{DR}+\lambda_{12}\cdot\text{MRs}$$

$$\text{L3}: \text{DR}=B-\lambda_{111}\cdot\text{Pa}+\lambda_{112}\times\text{Miso}^{a}$$

$$\text{L4}: \text{MRs}=C-\ln\text{Pa}$$

$$\text{L5}: \text{VR}=D-\lambda_{21}\cdot\ln\text{Vst}$$

$$\text{L6}: \text{CR}=\lambda_{31}\cdot\text{RR}+\lambda_{32}\cdot\text{TR}$$

$$\text{L7}: \text{RR}=\lambda_{311}\text{Ra}$$

$$\text{L8}: \text{TR}=\lambda_{321}\cdot\text{Ra}$$

$$\text{L9}: \text{MR}=E-\lambda_{41}\cdot\exp\left(\frac{\text{Rpw}}{b}\right)$$

$$\text{L10}: \text{SSI}=F+\text{STEP}(\text{Igr},t1)$$

式中：λ 表示变量的影响因子，即权重；A、B、C、D、E、F 表示状态常量；a 表示幂指数(表 4.5 中有具体取值)。

状态方程 L1 和 L10 中，系统风险和安全投入为累积变量，其数值变化取决于时间累积 DT 和增长率 Rgr、Igr 的变化。状态方程 L10 中，STEP 为阶跃函数，表示安全投入是在既定时刻突然改变的状态变量，具有阶段特性，$t1$ 为安全投入发生时刻。阶段性投入对长期决策不具有参考价值，需要利用阶跃函数转化为平稳变化的投入策略。

(2)速率方程

$$R1: Rgr.KL=\lambda_1 \cdot PR+\lambda_2 \cdot CR+\lambda_3 \cdot MR+\lambda_4 \cdot VR-G$$

$$R2: Igr.KL=H+c \cdot \exp(-\frac{SR}{\lambda_5})$$

(3)辅助方程

$$A1: Miso=L-\lambda_{ms} \cdot Sdc$$

$$A2: Sdc=\lambda_{sis} \cdot Set$$

$$A3: Pa=\lambda_{ps} \cdot Set$$

$$A4: Ra=\lambda_{rm} \cdot Miso+\lambda_{rl} \cdot Li$$

$$A5: Vst=\lambda_{sv} \cdot SSI$$

$$A6: Mm=\lambda_{sm} \cdot SSI$$

$$A7: Set=\lambda_{ss} \cdot SSI$$

$$A8: Rpw=\lambda_{mr} \cdot Mm+\lambda_{sr} \cdot Set$$

表 4.5　危化品运输安全系统变量初值与参数值

参数	数值	参数	数值	参数	数值	参数	数值
λ_1	0.425	λ_{111}	0.3	λ_{321}	0.95	λ_{sv}	0.6
λ_2	0.04	λ_{112}	0.0001	λ_{ms}	0.6	λ_{sm}	0.2
λ_3	0.02	λ_{21}	100	λ_{sis}	0.4	λ_{ss}	0.2
λ_4	0.015	λ_{41}	0.1	λ_{ps}	0.3	λ_{sr}	0.3
λ_5	18000	λ_{31}	0.015	λ_{rm}	0.9	λ_{mr}	0.6
λ_{11}	0.9	λ_{32}	0.085	λ_{rl}	0.1	Li	9
λ_{12}	0.1	λ_{311}	0.05	A	5000	B	5000
C	200	D	1500	E	1500	F	2000
G	4351	H	500	L	8000	$t1$	2
a	2	b	80	c	2500		

4.3.3.3　模型参数量化

选取山东东营市河口区政府指定的危化品运输路线海昌路，作为系统仿真的对象，确定仿真范围为顺河路至黄河路段，全长 7.5 km，数据采集时段为 2019 年 1—10 月，主要来自视频卡口、122 报警平台和运输企业车辆 GPS 监控平台。危化品运输路线(海昌路)如图 4.9 所示。

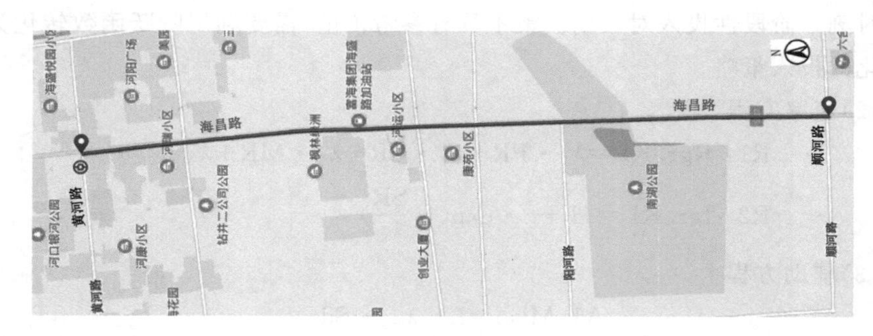

图 4.9　危化品运输路线(海昌路)(附彩图)

海昌路布设的视频卡口数据显示,2019 年 1—10 月通过海昌路的危化品运输车辆中,本地注册危化品运输车辆占比超过 90%。此外,本地危化品运输车辆、人员与管理安全投入全部来自运输企业,主要用于更新运输车辆,提高车辆安全技术水平;完善安全管理机制,增强风险预警能力;加大人员安全教育培训,提升从业能力 3 个方面,以此降低危化品运输系统交通安全风险。危化品运输企业安全投入情况如表 4.6 所示。

表 4.6　危化品运输企业安全投入情况　　　　单位:万元

	月份				
	2	4	6	8	10
额度	1840	140	120	110	110
用途[Vst, Mm, Set]	[1400, 200, 240]	[0, 80, 60]	[0, 60, 60]	[0, 60, 50]	[0, 60, 50]

根据海昌路卡口视频数据采集时限,系统仿真时限设定为 10 个月,仿真步长为 2 周。表 4.6 中企业安全投入配置额度用于 Vst、Mm、Set 的资金比例分别为 0.6、0.2、0.2,取 $\lambda_{sv}=0.6$、$\lambda_{sm}=0.2$、$\lambda_{ss}=0.2$。系统动力学方程中无法定量化描述的系统变量采用打分法进行赋值,分值范围为 0~10 分,0 分表示最弱或水平最低,10 分表示最强或水平最高。海昌路道路线形为平直路段,线形设计指标(Li)较高,Li 取值为 9。根据海昌路获取的数据对系统动力学方程的变量初值与参数值进行标定,如表 4.5 所示。

4.3.4　系统仿真与结果分析

4.3.4.1　模型检验

为检验危化品运输系统动力学模型与系统风险演化实际表现的符合性,选取安全投入和交通事故指标,系统仿真时限设定为 1—6 月,输出 2019 年 6 月预测结果并与实际统计数据进行比较,如表 4.7 所示。

表 4.7　仿真模型检验结果

	预测结果	统计数据	相对误差
安全投入/万元	2320	2284	1.58%
交通事故/起	7.1	7	1.43%

由表 4.7 可知，仿真模型检验结果显示，安全投入和交通事故仿真结果误差均小于 2%，具有较高的可信度，可应用系统动力学模型仿真危化品运输路线交通安全风险演化过程。

4.3.4.2　仿真情景设计

将仿真路段采集数据标定的模型参数及变量初值，作为现实仿真情景一，通过调整车辆安全技术水平投入比例、管理机制投入比例、安全教育培训投入比例进行策略组合，与现实情景一共同形成 7 类仿真情景。具体参数设置与变化幅度如表 4.8 所示。

表 4.8　仿真情景参数设置与变化幅度

投入比例	仿真情景						
	一	二	三	四	五	六	七
车辆安全技术	0.6	0.5(↓16.7%)	0.4(↓33.3%)	0.5(↓16.7%)	0.7(↑16.7%)	0.8(↑33.3%)	0.7(↑16.7%)
管理机制	0.2	0.1(↓50%)	0.3(↑50%)	0.4(↑100%)	0.25(↑25%)	0.1(↓50%)	0.05(↓75%)
安全教育培训	0.2	0.4(↑100%)	0.3(↑50%)	0.1(↓50%)	0.05(↓75%)	0.1(↓50%)	0.25(↑25%)

注：括号中数值表示相对情景一的变化幅度，“↑”代表增加，“↓”代表减少。

4.3.4.3　仿真结果分析

按照仿真情景参数设置，运行系统动力学模型模拟系统风险、安全投入、人员风险、车辆风险、环境风险、管理风险 6 项指标变化趋势，通过与现实情景一对比，反映不同安全投入分配条件对危化品运输系统要素安全风险的影响。不同仿真情景危化品运输累积风险与安全投入指标变化如表 4.9 所示。

表 4.9　不同仿真情景危化品运输累积风险与安全投入指标变化

仿真情景	系统风险	安全投入	人员风险	车辆风险	环境风险	管理风险
情景一	5080	2491	10068	769	578	1472
情景二	+28.7%	+0.8%	+1.0%	+2.3%	+0.8%	−30.8%
情景三	−61.9%	−1.6%	−2.0%	+2.6%	−1.5%	+0.2%
情景四	−33.6%	−0.8%	−1.0%	+5.4%	−0.7%	−26.5%
情景五	+47.4%	+1.3%	+1.6%	−2.2%	+1.1%	+0.6%

续表

仿真情景	系统风险	安全投入	人员风险	车辆风险	环境风险	管理风险
情景六	+31.5%	+0.9%	+1.0%	−3.9%	+0.8%	+1.8%
情景七	−15.6%	−0.4%	−0.5%	−2.0%	−0.4%	+1.7%

注:“+”表示较情景一增加的比例,“−”表示较情景一降低的比例。

(1)系统风险

7类情景危化品运输系统风险变化趋势仿真结果如图4.10所示。

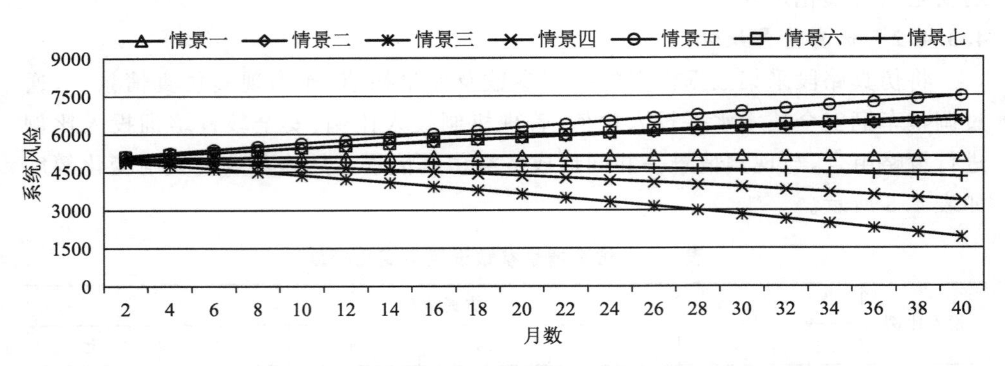

图4.10　7类情景危化品运输系统风险变化趋势

由图4.10可知,情景二、五、六与情景三、四、七系统风险值,以现实情景一为分界线出现了高低分列趋势。情景一系统风险变化呈抛物线趋势,先上扬后降低。相较于情景一,情景五同时提高车辆安全技术水平投入16.7%和管理机制投入25%,降低安全教育培训投入75%,累积系统风险增加幅度最大,为47.4%,并呈线性增长趋势;情景六车辆安全技术水平投入提高33.3%,同时降低管理机制和安全教育培训投入50%,以及情景二安全教育培训投入提高100%,同时车辆安全技术水平投入降低16.7%和管理机制投入降低50%,两情景系统风险值及变化趋势基本一致,较情景一累积系统风险分别增加31.5%、28.7%。情景三、四、七系统风险值较现实情景一降幅依次为61.9%、33.6%、15.6%,其中,情景三同时提高管理机制和安全教育培训投入50%,降低车辆安全技术水平投入33.3%,累积系统风险呈抛物线下降趋势最为显著。

(2)安全投入

7类情景危化品运输系统安全投入变化趋势仿真结果如图4.11所示。

由图4.11可知,7类仿真情景危化品运输系统安全投入总体呈线性增长趋势,并且增长比例与系统风险变化正相关,即随着系统风险增加安全投入不断加大,反之,减少安全投入,系统仿真时段内累积安全投入额度从大到小依次为:情

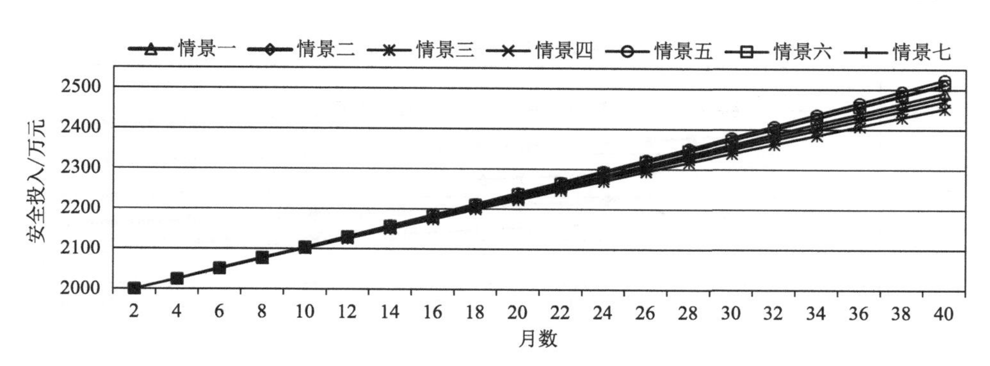

图 4.11　7 类情景危化品运输系统安全投入变化趋势

景五、情景六、情景二、情景一、情景七、情景四、情景三。系统风险变化趋势显示，情景三累积安全投入最小，对应的累积系统风险下降幅度最大，为 61.9%；反之，情景五累积安全投入最大，对应的累积系统风险增幅最大，为 47.4%。

(3)人员风险

7 类情景危化品运输系统人员风险变化趋势仿真结果如图 4.12 所示。

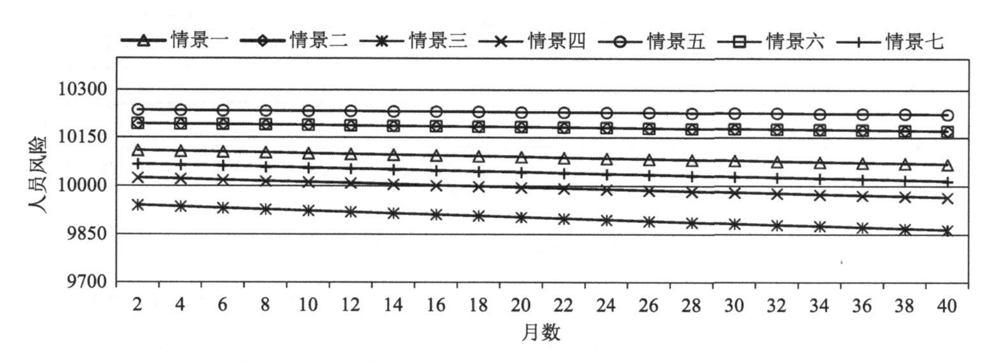

图 4.12　7 类情景危化品运输系统人员风险变化趋势

由图 4.12 可知，7 类仿真情景危化品运输系统人员风险总体呈线性平行下降趋势，人员风险值大小排列顺序与系统风险值一致，即情景五人员风险最高，较情景一增加 1.6%，情景三人员风险最低，较情景一降低 2%。

(4)车辆风险

7 类情景危化品运输系统车辆风险变化趋势仿真结果如图 4.13 所示。

由图 4.13 可知，7 类仿真情景危化品运输系统车辆风险总体呈线性平行下降趋势，车辆风险值大小排列顺序为：情景四、情景三、情景二、情景一、情景七、情景五、情景六。情景四累积车辆风险最高，较情景一累积车辆风险高 5.4%，情景六车辆风险下降最显著，较情景一累积车辆风险降低 3.9%，情景三与情景二累积车辆风险值相近，情景七与情景五累积车辆风险值相近。

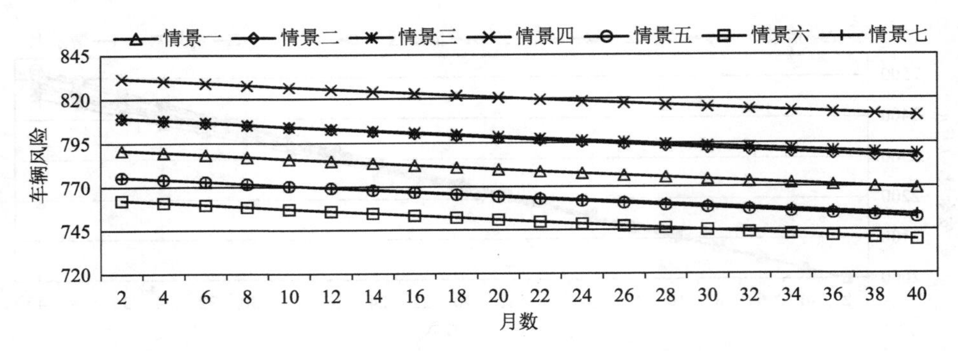

图 4.13　7 类情景危化品运输系统车辆风险变化趋势

(5)环境风险

7 类情景危化品运输系统环境风险变化趋势仿真结果如图 4.14 所示。

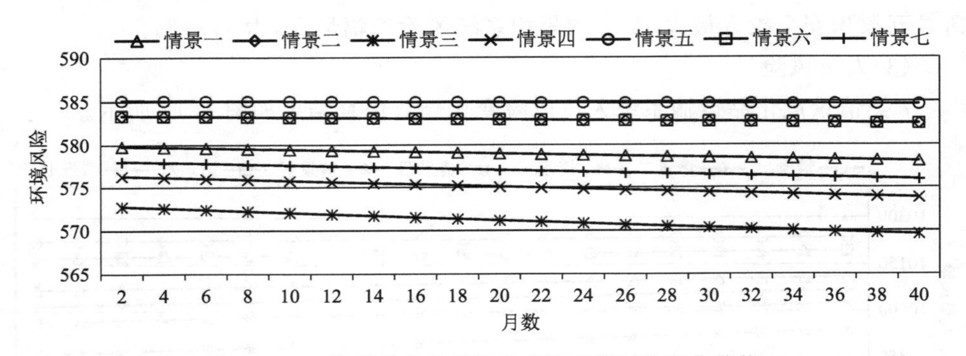

图 4.14　7 类情景危化品运输系统环境风险变化趋势

由图 4.14 可知,7 类仿真情景危化品运输系统环境风险总体呈线性平行下降趋势,累积环境风险值大小排列顺序为:情景五、情景二、情景六、情景一、情景七、情景四、情景三。其中,情景二与情景六累积环境风险值相近,略高 0.01。

(6)管理风险

7 类情景危化品运输系统管理风险变化趋势仿真结果如图 4.15 所示。

由图 4.15 可知,情景六、七、五、三累积管理风险值依次降低,均略高于情景一管理风险值,总体呈线性平行缓慢下降趋势。情景二和情景四累积管理风险呈抛物线趋势下降最为显著,较情景一累积管理风险分别降低 30.8%、26.5%。

危化品运输路线交通安全风险演化系统动力学仿真结果表明,通过调节安全投入的配置比例,可实现不同系统风险防控效果。

1)危化品运输安全总体投入降低 1.6%的条件下,通过提高 50%管理机制和安全培训教育投入,同时降低 33%车辆安全技术投入配置比例,系统风险呈抛物线显著下降趋势,可实现系统风险 61.9%的最大降幅。

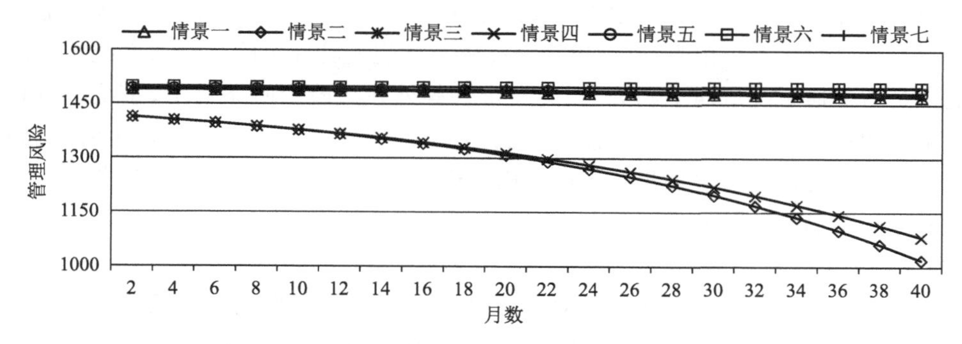

图 4.15　7 类情景危化品运输系统管理风险变化趋势

2)危化品运输安全总体投入增加 1.3%的条件下,同时提高 16.7%车辆安全技术水平投入和 25%管理机制投入,降低 75%安全教育培训投入,系统风险仍呈线性增长趋势,系统风险最高增长 47.4%。

4.4　事故风险评估与等级划分

4.4.1　事故风险评估

4.4.1.1　事故风险类型

危化品运输路线交通事故风险,是由不同风险因素之间通过各种形式相互作用彼此影响联合互动的结果。依据不同运行时段内不同风险因素组合作用情况,可划分为基本风险、特殊风险和交叉风险 3 种类型。

(1)基本风险

危化品运输路线交通基本风险,是指交通系统在运行过程中自身客观存在的风险,且无论采取何种交通安全管控策略或驾驶策略都不可规避或消除。危化品运输路线交通安全基本风险包括驾驶员操作失误风险、车辆故障风险、道路隐患风险、交通管理措施风险等。交通系统基本风险是交通事故发生的内因,其安全影响具有广泛性、系统性和根本性,需要交通系统全要素(包括政府交通部门和交通管理部门)全程干预,才能将事故风险影响降至最低。

(2)特殊风险

危化品运输路线交通特殊风险,是指交通系统外在风险因素之间的依赖和影响,可以通过交通安全管理措施加以控制或转移风险。交通系统特殊风险包括不利天气风险、自然灾害和交通事故等突发事件风险,是交通系统运行风险发生的外因。特殊风险与危化品运输路线交通系统自身的抗风险能力相关，如果交通系统自身的风险免疫力很强，则交通系统能够有效规避特殊风险。交通系统抗风险能力是指交通系统遭遇不利天气、突发事件等外在风险影响条件下，系统进行自我调整和克服特殊风险影响的能力。例如，当预测到不利天气即将发生时，道路交通管理部门提前采取危化品运输车辆限行或禁行措施，根除不利天气条件下危化品运输车辆事故的发生。

(3)交叉风险

危化品运输路线交通交叉风险，是指交通系统基本风险与特殊风险之间的依赖和影响。交通系统基本风险是交叉风险耦合的主要诱因，特殊风险引发交叉风险生成。

常态化条件下，危化品运输路线交通安全风险形成与演化过程是基本风险与特殊风险相互作用影响的结果，即同时涵盖人、车、环境和管理等基本风险要素，也包括交通流量变化、不利天气影响、突发事件等特殊风险要素，两类风险要素相互交织作用表现为交叉风险。

4.4.1.2 事故风险评估方法

(1)风险评估内容

危化品运输路线交通安全风险评估，是对涉及危化品运输的车辆发生事故频率及其后果进行的定量化表述，是在风险生成及评价指标(4.2节)基础上，确定危化品运输相关风险发生频率，以及评估风险产生后果的过程。具体评估内容如表4.10所示。

表4.10 危化品运输路线安全风险评估

序号	类别	具体内容
1	危化品运输车辆相关交通事故发生概率	人员风险评价指标、车辆风险评价指标、环境风险评价指标、管控风险评价指标
2	交通事故严重程度	事故死亡人数、事故受伤人数、事故直接经济损失

(2)评估方法

危化品运输路线交通安全风险，是由人、车、环境、管理风险要素相互作用发生交通事件概率和事件后果严重程度决定的。其中，交通事件主要以道路交通事故形态出现。假设交通事件发生过程中某一危险点可能发生交通事故形态的集合为 $T=\{T_1,T_2,\cdots,T_m\}$，T_i 表示第 i 类交通事故，$i=1,2,\cdots,m$；与所有交通事故 T 发生相对应的交通安全风险因素集合为 $X=\{x_1,x_2,\cdots,x_n\}$，x_j 为第 j 个风险因素，$j=1,2,\cdots,n$。危化品运输路线交通系统风险点发生交通事故过程中，事故形态集合 T 与风险因素集合 X 相对应。因此，危化品运输路线交通事故发生过程，可采用交通事故形态集合与交通风险因素集合的逻辑形式描述，若某形态事故的发生不是其他交通事件发生的致因，则事故交叉风险集合为空集。对于交通事故 T_i，有

$$R_{T_i}=k_{T_i}\cdot S_{T_i} \tag{4.30}$$

式中：R 为交通事故风险；k 为交通事故发生的概率；S 为交通事故后果的严重程度。

1)交通事故概率

危化品运输路线交通系统运行过程中，某一安全风险点的交通事故可视为交叉风险事件 $T=\{T_1,T_2,\cdots,T_m\}$ 的全部最小割集。交通安全事件 T_i 中一般有多个最小割集，只要交通安全事件集合不为空，则交通事故就会发生。因此，交通安全事件 T_i 的结构函数为

$$\phi_i=\bigcup_{r=1}^{v}G_{ir}=\bigcup_{r=1}^{v}\bigcap_{x_j\in G_{ir}}x_j \tag{4.31}$$

式中：G_{ir} 为交通安全事件 T_i 的第 r 种事故形态或 r 个最小割集；r 为 T_i 的最小割集序数；v 为最小割集数。由于交通安全风险因素 $x_j\in G_{ir}$，交通安全事件 T 的结构函数可变化为

$$\varphi=\bigcup_{i=1}^{m}\bigcup_{r=1}^{v}G_{ir} \tag{4.32}$$

如果交通安全事件集合中各最小割集彼此不存在相同的安全事件，安全事件 T_i 发生的概率可表示为

$$k_{T_i}=\bigcup_{r=1}^{v}\prod_{x_j\in G_{ir}}k_j \tag{4.33}$$

式中：k_{T_i} 为交通安全事件 T_i 发生的概率；k_j 为安全风险因素 x_j 诱发交通事故的概率，风险因素诱发交通事故概率一般难以测度，通常利用交通事故致因历史数据统计和经验判断获得风险因素评价指标的区间值。

如果交通安全事件最小割集中存在相同事件时，采用布尔代数消除每个概率积中的重复事件，式(4.33)展开得

$$k_{T_i}=\sum_{r=1}^{v}\prod_{x_j\in G_{ir}}k_j-\sum_{1\leqslant r<s\leqslant v}\prod_{x_j\in G_{ir}\cup G_{is}}k_j+\cdots+(-1)^{v-1}\prod_{r=1}^{v}k_j \tag{4.34}$$

式中：r、s 是 T_i 的最小割集序数；$\sum\limits_{1\leqslant r<s\leqslant v}\prod\limits_{x_j\in G_{ir}\cup G_{is}}$ 表示属于任意两个不同最小割集的风险事件概率和的代数和；$x_j\in G_{ir}\cup G_{is}$ 表示 T_i 的第 j 个风险事件或属于 T_i 的第 r 个最小割集，或属于 T_i 的第 s 个最小割集；$1\leqslant r<s\leqslant v$ 为任意最小割集的组合顺序。

设 k 为交通安全事件发生的概率，则

$$k = \bigcup_{i=1}^{m} k_{r_i} = \bigcup_{i=1}^{m} \bigcup_{r=1}^{v} \prod_{x_j \in G_{ir}} k_j \tag{4.35}$$

危化品运输路线交通安全事件发生概率 k，可采用表 4.3 交通安全事件风险因素评价指标进行描述。

2)交通安全事件后果

危化品运输路线交通安全事件后果，可按照交通安全事件后果严重程度评价指标进行计算。依据公安部交通管理局历年发布的道路交通事故统计年报，交通事故损失可划分为死亡人数、受伤人数、直接经济损失 3 项指标。在描述危化品运输路线交通安全事件后果时，可将前 2 项指标量化为直接经济损失，如表 4.11 所示。

表 4.11　危化品运输路线交通安全事件后果严重程度评价体系

序号	事件后果	符号	评价指标	符号
1	死亡人数	S_1	社会劳动价值损失	D_{11}
			医疗费用	D_{12}
			亲属精神损失	D_{13}
			丧葬费	D_{14}
2	受伤人数	S_2	社会劳动价值损失	D_{21}
			医疗费用	D_{22}
			亲属精神损失	D_{23}
3	直接经济损失	S_3	设施损失	D_{31}
			车辆损失	D_{32}
			货物损失	D_{33}
			环境危害	D_{34}

在危化品运输路线交通安全事件后果评价指标体系中，用风险指数 S 表示交通安全事件后果严重程度，如式(4.36)所示：

$$S = \sum_{z=1}^{3} S_z = \sum_{p} \sum_{q} D_{pq} \tag{4.36}$$

依据危化品运输路线交通安全风险评估方法，交通安全事件风险 R 是由交通安全事件后果及其风险因素发生概率决定的。按照式(4.35)和式(4.36)，危化品运输路线交通安全事件风险可表示为

$$R = \bigcup_{i=1}^{m} S_{T_i} \cdot k_{T_i} = \bigcup_{i=1}^{m} \bigcup_{r=1}^{v} \prod_{x_j \in G_{ir}} S_{T_i} \cdot k_j \tag{4.37}$$

4.4.2　事故风险等级划分

4.4.2.1　事故风险等级

依据《中华人民共和国突发事件应对法》关于突发事件定义，危化品运输交通事故属于突发事件中事故灾难范畴，按照社会危害程度、影响范围等因素，可划分为特别重大、重大、较大和一般 4 个等级，结合危化品运输交通安全风险管控需求，将危化品运输交通安全风险水平划分为一级(特别危险)、二级(危险)、三级(较危险)、四级(较安全)4 个等级。危化品运输路线交通安全风险评价等级对照如表 4.12 所示。

表 4.12　危化品运输路线交通安全风险评价等级对照

	风险等级			
	一级	二级	三级	四级
符号表示	L_1	L_2	L_3	L_4
评语	特别危险	危险	较危险	较安全
风险水平	不可接受	不希望有	有条件接受	可以接受

(1)一级风险(特别危险)

危化品运输路线交通安全一级风险，表示交通安全事件发生概率非常大，并且事件后果特别严重。若一级事故风险出现，区域发生重特大交通事故或长时间大范围拥堵事件的概率极大，将造成严重的人员伤亡和财产损失，交通管理、交通运输、应急管理等部门必须提前采取预防措施。一级风险水平为不可接受的风险。

(2)二级风险(危险)

危化品运输路线交通安全二级风险，表示交通安全事件发生概率大，并且事件后果严重。若二级事故风险出现，区域发生一般以上交通事故或长时间大范围拥堵事件的可能性极大，交通管理、交通运输部门须对关键风险因素采取应急管理措施。二级风险水平为不希望有的风险。

(3)三级风险(较危险)

危化品运输路线交通安全三级风险，表示交通安全事件发生概率较大，事件后果一般。若三级事故风险出现，区域交通发生轻微交通事故或小范围拥堵事件的概率极大，交通安全管理部门应及时发布预警信息，实时监控交通运行状态并准备实施应急措施。三级风险水平为有条件接受的风险。

(4)四级风险(较安全)

危化品运输路线交通安全四级风险，表示交通安全事件发生具有可能性，事件后果一般。若四级事故风险出现，区域交通发生交通延误事件的概率极大，交通安全管理部门应实时监控影响区域的交通运行状态并研判事件发展趋势。四级风险水平为可接受风险。

4.4.2.2 风险等级划分方法

危化品运输路线交通安全影响主要源自人员、车辆、环境、管理4个方面，其20类风险评价指标值在一定区间内变化，具有一定的模糊性、随机性和离散性。基于以上风险评价指标特点，选取可拓云方法划分风险等级具有较好的适应性。可拓学理论能通过关联函数对危化品运输事故特征进行定量计算，但针对风险评价指标离散特性处理存在困难，云模型能够解决风险评价指标离散特性处理问题，满足风险定性概念与定量数值间不确定转换需求，依据风险评价指标采集数据与风险评价结果间的随机性关系，定量刻画评价指标在不同风险等级下的转换态势。因此，综合可拓学理论和云模型适用条件，建立可拓云综合评价模型，能够客观划分危化品运输路线交通安全风险等级。

(1)可拓云综合评价模型

可拓云是用形式化模型研究事物拓展的可能性和解决不相融合问题的理论方法，主要以物元理论为基础，采用关联函数定量分析不相容问题。n维危化品运输安全划分问题$\boldsymbol{S}$，可表示为危化品运输安全风险R有n类风险因素$K_1,K_2,\cdots,K_n$，风险因素对应的评价指标值为$Y_1,Y_2,\cdots,Y_n$，函数定义如下：

$$\boldsymbol{S}=(R,K,Y)=\begin{bmatrix} R & K_1 & Y_1 \\ R & K_2 & Y_2 \\ \vdots & \vdots & \vdots \\ R & K_n & Y_n \end{bmatrix} \tag{4.38}$$

应用云数字特征值(Ex,En,He)替代风险因素评价指标值Y，则可构建可拓云综合评价模型为

$$\boldsymbol{S}=(R,K,Y)=\begin{bmatrix} R & K_1 & (Ex_1,En_1,He_1) \\ R & K_2 & (Ex_2,En_2,He_2) \\ \vdots & \vdots & \vdots \\ R & K_n & (Ex_n,En_n,He_n) \end{bmatrix} \tag{4.39}$$

m类风险R的n维复合云物元矩阵模型$\boldsymbol{S}$为

$$\boldsymbol{S}=\begin{bmatrix} & R_1 & R_2 & \cdots & R_m \\ K_1 & \mu_1(Y_{11}) & \mu_2(Y_{12}) & \cdots & \mu_m(Y_{1m}) \\ \vdots & \vdots & \vdots & & \vdots \\ K_n & \mu_1(Y_{n1}) & \mu_2(Y_{n2}) & \cdots & \mu_m(Y_{nm}) \end{bmatrix} \tag{4.40}$$

式中：$R_j(j=1,2,\cdots,m)$为第j类风险因素；$\mu_j(Y_{ij})$为相应云量值$Y_{ij}(j=1,2,\cdots,m;i=1,2,\cdots,n)$的隶属度。

(2)风险等级划分步骤

1)确定样本物元对象及评价标准云,以危化品运输安全为评价对象,将安全风险等级作为待评价物元,构造危化品运输安全风险等级划分可拓云理论模型,见式(4.39)。

2)确定评价样本与每个风险等级的确定度,进行相应的比较分析。用云模型的正向云发生器得到确定度,表示物元间的关联度,采用 MATLAB 软件进行计算,具体步骤如下:

①运用 MATLAB 软件生成以 En 为均值、以 He 为标准差的正态随机数 En'。

②令待测风险等级中确定性数值为 Y_i,用式(4.41)计算得到云关联度。

$$\mu_i = \exp\left\{-\frac{[Y_i - E(Y)]^2}{2(En'_i)^2}\right\} \tag{4.41}$$

式中:Y_i 为样本数据;μ_i 为确定性数值 Y_i 对应云的关联度;$E(Y)$为方差;En'为正态随机数。

③由式(4.41)计算得到的云关联度构成可拓云矩阵 $\boldsymbol{T}$,表示各样本中各指标对应的确定度。

$$\boldsymbol{T} = \begin{bmatrix} \mu_{11} & \mu_{12} & \cdots & \mu_{1m} \\ \mu_{21} & \mu_{22} & \cdots & \mu_{2m} \\ \vdots & \vdots & & \vdots \\ \mu_{n1} & \mu_{n2} & \cdots & \mu_{nm} \end{bmatrix} \tag{4.42}$$

式中:$\mu_{ij}(i=1,2,\cdots,n;j=1,2,\cdots,m)$为第 i 个指标在第 j 个危化品运输安全的云关联度,即确定度。

3)计算危化品运输风险评价指标综合权重。

4)根据确定度最大的原则,确定样本危化品运输安全风险综合评价等级。

4.4.2.3　风险评价指标权重

按照危化品运输风险等级划分步骤,需进一步确定安全风险评价指标权重,结合 4.1 节复杂网络模型确定的事故风险因素重要度值,本节采用层次分析法确定安全风险评价指标权重,获得风险评价指标综合权重。

20 世纪 70 年代中期,美国运筹学家 T. L. Saaty 首次提出层次分析法(AHP),通过将定性问题分解划分为多个层次,每个层次包含若干因素,对因素进行两两比较的方法进行量化,实现模糊问题的科学量化,是系统工程思想在决策思维过程中的体现,适用于社会、经济系统和大型系统工程的决策分析。

采用层次分析法定量描述危化品运输路线交通事故风险评价指标权重,主要任务是基于风险评价指标,建立多层次结构的系统评价模型。实施步骤如下:

①针对评价对象、目标构建的指标体系建立分层结构模型。

②选择有经验的专家对指标相对重要性程度进行决策，构造判断矩阵。

③计算判断矩阵特征根，获取权重向量并进行一致性检验，满足要求后进行指标权重计算。

④计算组合权向量，采用多种方法进行一致性检验。

根据危化品运输路线事故风险评估需求，选择基于统计数据和措施方案的决策模型计算风险评价指标权重。

(1)基于统计数据的评价模型

根据危化品运输路线、道路环境、管理措施和车辆运行等基础数据，统计各类指标对诱发交通事故的影响权重，计算危化品运输系统安全风险指数，对照系统安全风险指数危化品运输路线的安全性。

1)构造判断矩阵。根据风险评估需求和评价指标相关统计数据，选定人员从业能力、驾驶员操作失误、车辆安全技术水平、大型车辆聚集、道路风险、交通风险、管理机制和风险预警保障等指标，组织专家对两两指标间的重要性进行打分(a)，根据评分结果构造判断矩阵：

$$\boldsymbol{T}=\begin{bmatrix} A_1 & A_2 & \cdots & A_i \\ 1 & a_{12} & \cdots & a_{1i} \\ a_{21} & 1 & \cdots & a_{2i} \\ \vdots & \vdots & & \vdots \\ a_{i1} & a_{i2} & \cdots & 1 \end{bmatrix} \tag{4.43}$$

2)计算结果分析。计算各评价指标的权重并进行一致性检验。将各指标权重向量与各样本指标数据相乘，可得总体评价系数，计算公式如下：

$$P=W_1A_{1j}+W_2A_{2j}+\cdots+W_iA_{ij} \tag{4.44}$$

式中：A_{1j} 是指标 1 与样本 j 的值；W_i 是指标 i 的权重。

根据计算结果对各类别安全风险进行分析，为事故风险预警和防控体系构建提供决策支持。

(2)基于措施方案的评价模型

依据危化品运输路线事故风险评价指标体系，基于安全改善措施方案的评价方法计算步骤如下：

1)确定目标层。确定危化品道路运输系统风险作为目标层。

2)指标层构建。按照危化品运输路线事故风险因素评价指标体系，指标层包含人员风险、车辆风险、环境风险、管理风险 4 类指标。

3)措施层构建。为了实现目标层的目的，将人员从业能力、驾驶员操作失误、车辆安全技术水平、大型车辆聚集、道路风险、交通风险、管理机制和风险预警保障指标作为措施层。

4)层次结构模型建立。综合以上评价步骤,可获得危化品运输路线事故风险评价层次分析模型,如图 4.16 所示。

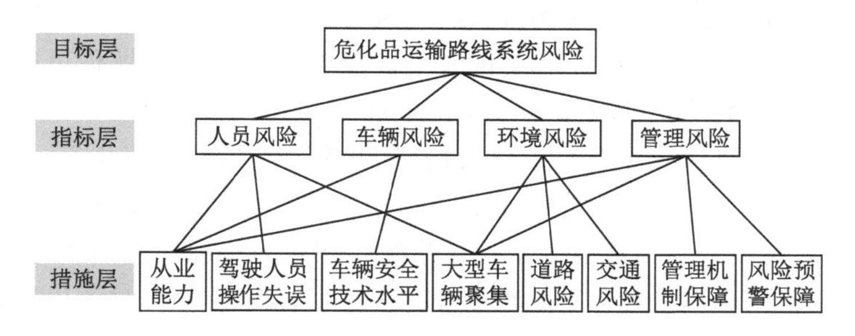

图 4.16　危化品运输路线事故风险评价层次分析结构图

5)权重计算。依据危化品运输路线风险系统动力学方程,可计算从业能力、驾驶员操作失误、车辆安全技术水平、道路风险、交通风险、管理机制保障、风险预警保障措施层指标值,大型车辆聚集指标可通过路侧视频、雷达、ETC 等设备实时获取,根据专家评分,构造判断矩阵 $\boldsymbol{U}$。按照层次分析法的计算步骤,通过计算比较矩阵权重向量、最大特征根、特征向量,进行一致性检验和归一化处理后确定评价指标权重 W_{ij}。

$$\boldsymbol{U}\boldsymbol{W}'=\lambda_{\max}\boldsymbol{W}' \tag{4.45}$$

式中:$\lambda_{\max}$ 为判断矩阵 $\boldsymbol{U}$ 的最大特征值;$\boldsymbol{W}'$ 为最大特征值对应的特征向量,$\boldsymbol{W}'=(w'_1,w'_2,w'_3,w'_4)^{\mathrm{T}}$;$w'_i$ 为第 i 类风险权重值。

6)一致性检验

计算最大特征值 $\lambda_{\max}$,其中 n 为判断矩阵的阶数:

$$\lambda_{\max}=\sum_{i=1}^{n}\frac{UW'_i}{nw'_i} \tag{4.46}$$

计算一致性比例 CR:

$$\mathrm{CR}=\frac{\mathrm{CI}}{\mathrm{RI}} \tag{4.47}$$

式中:CI 为一致性指标,$\mathrm{CI}=\dfrac{(\lambda_{\max}-n)}{(n-1)}$;RI 为平均随机一致性指标,对照表 4.13 进行查询。

表 4.13　2～10 阶平均随机一致性指标

	阶数								
	2	3	4	5	6	7	8	9	10
RI	0	0.52	0.89	1.12	1.26	1.36	1.41	1.45	1.49

(3)熵权法确定权重

熵为物理概念,主要用于表达系统混乱程度,熵值越大,表示系统越混乱(包含信息越少),熵值越小,表示系统越有序(包含信息越多)。信息熵基于熵理论,从宏观上描述微观状态下系统信息量大小。依据信息熵原理评估风险因素指标的重要度,可采用熵值判断权重大小及离散程度,熵值越大,风险因素离散程度越明显,影响评价总目标分配权重也越大;若某风险因素指标熵值相等,表示该因素在整个评价机制中没有影响。熵权法确定风险因素评价指标权重分6个步骤。

1)指标正向化。由于风险因素评价指标存在正向指标和负向指标,其代表的含义不同,正向指标越大越好、负向指标越小越好,因此,需要对评价指标进行正向化,将所有指标转化为极大型指标。

由 n 个评价对象、m 个评价指标构成的正向化矩阵如下:

$$\boldsymbol{X}=\begin{bmatrix} x_{11} & x_{11} & \cdots & x_{11} \\ x_{11} & x_{11} & \cdots & x_{11} \\ \vdots & \vdots & & \vdots \\ x_{11} & x_{11} & \cdots & x_{11} \end{bmatrix} \tag{4.48}$$

2)数据标准化。由于风险因素评价指标存在不同量纲,无法进行混合运算,需要通过指标的归一化实现不同指标同量纲化。正向化指标标准化计算方法如下:

$$x_{ij}=\frac{x_{ij}-\min\{x_{1j},x_{2j},\cdots,x_{nj}\}}{\max\{x_{1j},x_{2j},\cdots,x_{nj}\}-\min\{x_{1j},x_{2j},\cdots,x_{nj}\}} \tag{4.49}$$

3)计算指标权重。将第 j 项指标中第 i 个对象的权重作为信息熵计算中的概率值,获得概率矩阵 $\boldsymbol{P}$,矩阵中每个元素指标表示如下:

$$p_{ij}=\frac{x_{ij}}{\sum_{i=1}^{n}x_{ij}}(j=1,2,\cdots,m) \tag{4.50}$$

4)计算信息熵。计算每个风险因素指标信息熵,进行标准化获得指标的熵权数值,表示如下:

$$e_j=\frac{1}{\ln n}\sum_{i=1}^{n}p_{ij}\ln p_{ij} \tag{4.51}$$

式中:$k=\frac{1}{\ln n}>0$,$e_j>0$。e_j 越大,信息熵越大,其包含信息量越少。

5)计算指标权重。引入信息效用值 d_j:

$$d_j=1-e_j$$

信息效用值越小,表示该项指标重要度越高。将整体信息效用值归一化处理,可获得各风险指标熵权值:

$$w_j = \frac{d_j}{\sum_{j=1}^{m} d_j}$$

6)计算综合熵权值。风险评价指标综合熵权值表示如下：

$$s_i = \sum_{j=1}^{m} w_j \cdot p_{ij}$$

(4)组合赋权法

组合赋权法是综合两种权重计算方法(即 AHP 法和熵权法)进行赋权的方法。为克服乘法归一化法和线性加权法的组合方式存在的缺陷，引入理想点法(Jiang et al. ,2015)，能够将主观权重与客观权重值组合起来得到综合权重，计算流程如图 4.17 所示。

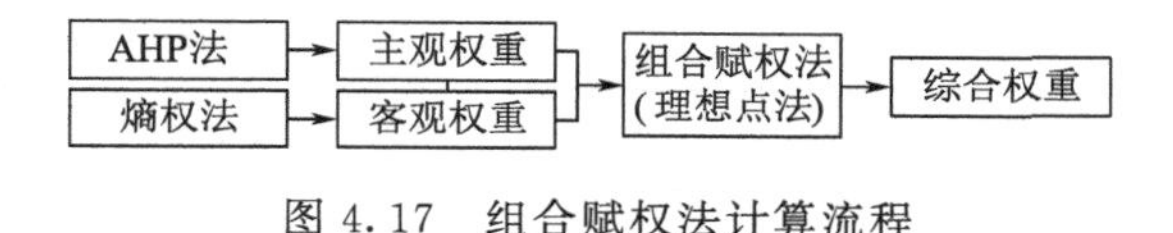

图 4.17　组合赋权法计算流程

风险因素评价指标综合权重 λ_i 表示如下：

$$\lambda_i = \sqrt{\frac{\omega_i^2 + W_i^2}{2}} \quad (i = 1, 2, \cdots, n)$$

式中：ω 和 W 分别表示 AHP 法和熵权法的权重。

采用加权评价计算的最终综合权重 k_i 表示如下：

$$k_i = \frac{\lambda_i}{\sum_{i=1}^{n} \lambda_i} \quad (i = 1, 2, \cdots, n)$$

式中：k_i 为综合权重 $\boldsymbol{K}$ 的第 i 个分量。

4.4.2.4　风险等级确定

由上节确定的风险评价指标综合权重 $\boldsymbol{K}$，乘以可拓云矩阵 $\boldsymbol{S}$，可获得综合确定度矩阵 $\boldsymbol{A}$。危化品运输安全系统每一样本对应的每一风险等级中都有相应的确定度，将同一风险等级的确定度相加，根据确定度最大原则，风险评估结果中确定度最大值对应的风险等级即为该样本事故风险等级。综合确定度矩阵 $\boldsymbol{A} = \boldsymbol{K} \cdot \boldsymbol{S}$，即

$$\boldsymbol{A} = (k_1, k_2, \cdots, k_n)^{\mathrm{T}} \begin{bmatrix} \mu_{11} & \mu_{12} & \cdots & \mu_{1m} \\ \mu_{21} & \mu_{22} & \cdots & \mu_{2m} \\ \vdots & \vdots & & \vdots \\ \mu_{n1} & \mu_{n2} & \cdots & \mu_{nm} \end{bmatrix} = \begin{bmatrix} a_{11} & a_{12} & \cdots & a_{1m} \\ a_{21} & a_{22} & \cdots & a_{2m} \\ \vdots & \vdots & & \vdots \\ a_{n1} & a_{n2} & \cdots & a_{nm} \end{bmatrix} \quad (4.52)$$

式中：a_{nm} 为综合确定度矩阵 $\boldsymbol{A}$ 的分量，表示某一样本对应某一指标的综合确定度。

根据危化品运输路线车辆运行和安全管理实际情况，以及危化品运输安全监管相关技术规范和规章要求，危化品运输事故风险等级评价指标分类标准如表4.14所示。

表4.14 危化品运输事故风险等级评价指标分类标准

风险等级	死亡人数 S_1 或重伤人数 S_2/人	直接经济损失 S_3/万元	事故发生概率 k	风险指数 S
Ⅰ	$S_1 \geqslant 30$ 或 $S_2 \geqslant 100$	$S_3 \geqslant 500$	$k \geqslant 0.85$	$S \geqslant 3500$
Ⅱ	$10 \leqslant S_1 < 30$ 或 $50 \leqslant S_2 < 100$	$350 \leqslant S_3 < 500$	$0.55 \leqslant k < 0.85$	$1300 \leqslant S < 3500$
Ⅲ	$3 \leqslant S_1 < 10$ 或 $10 \leqslant S_2 < 50$	$100 \leqslant S_3 < 350$	$0.35 \leqslant k < 0.55$	$400 \leqslant S < 1300$
Ⅳ	$S_1 < 3$ 或 $3 \leqslant S_2 < 10$	$S_3 < 100$	$k < 0.35$	$S < 400$

依据综合确定度计算结果，采用最大确定度原则，确定危化品运输路线事故风险等级。

第5章　危化品运输事故预警与安全风险防控技术

危化品运输路线交通事故预警，是事故预测及风险评估联系事故风险防控措施或预案的纽带，依据事故风险等级确定事故预警级别，按预警级别启动预案并实施事故风险防控对策。本章基于事故风险等级，建立了危化品运输路线事故风险预警机制，给出了事故处置策略和备选通行路线规划方法，分别构建了人、车、环境、管理四维风险防控体系，开发了事故风险预警与防控系统，实现事故预测、风险评估、风险预警和防控措施辅助决策全链条应用。

5.1　事故风险预警与处置策略

5.1.1　风险预警等级

危化品运输路线事故风险预警，是因交通事故、异常拥堵、严重交通违法、恶劣天气突发交通事件影响出现排队缓行时，对可能诱发的危化品运输安全风险进行声音、弹窗及光电警示提示。依据危化品运输事故风险等级，将风险预警对应划分为4个等级，分别采用红色、橙色、黄色、蓝色4种颜色表示。危化品运输路线交通事故风险及预警等级对照情况如表5.1所示。

表5.1　危化品运输路线交通事故风险及预警等级对照表

	风险等级			
	一级	二级	三级	四级
高速公路 一级公路	①在途车辆平均行驶速度≤20 km/h； ②车辆排队缓行≥1 h； ③缓行排队≥3.0 km	①在途车辆平均行驶速度≤30 km/h； ②车辆排队缓行≥0.8 h； ③缓行排队≥2.5 km	①在途车辆平均行驶速度≤40 km/h； ②车辆排队缓行≥0.7 h； ③缓行排队≥2.0 km	①在途车辆平均行驶速度≤60 km/h； ②车辆排队缓行≥0.5 h； ③缓行排队≥1.0 km
二级公路 三级公路	①在途车辆平均行驶速度≤15 km/h； ②车辆排队缓行≥1 h； ③缓行排队≥3.0 km	①在途车辆平均行驶速度≤25 km/h； ②车辆排队缓行≥0.8 h； ③缓行排队≥2.5 km	①在途车辆平均行驶速度≤35 km/h； ②车辆排队缓行≥0.7 h； ③缓行排队≥2.0 km	①在途车辆平均行驶速度≤50 km/h； ②车辆排队缓行≥0.5 h； ③缓行排队≥1.0 km

续表

	风险等级			
	一级	二级	三级	四级
风险预警等级	红色预警	橙色预警	黄色预警	蓝色预警
风险水平	不可接受	不希望有	有条件接受	可以接受

(1)红色预警

红色预警与危化品运输路线排队缓行路段一级风险水平相对应，风险发生将导致高速公路或一级公路在途车辆平均行驶速度≤20 km/h(二级、三级公路≤15 km/h)，车辆排队缓行≥1 h，缓行排队≥3.0 km。

(2)橙色预警

橙色预警与危化品运输路线排队缓行路段二级风险水平相对应，风险发生将导致高速公路或一级公路在途车辆平均行驶速度≤30 km/h(二级、三级公路≤25 km/h)，车辆排队缓行≥0.8 h，缓行排队≥2.5 km。

(3)黄色预警

黄色预警与危化品运输路线排队缓行路段三级风险水平相对应，风险发生将导致高速公路或一级公路在途车辆平均行驶速度≤40 km/h(二级、三级公路≤35 km/h)，车辆排队缓行≥0.7 h，缓行排队≥2.0 km。

(4)蓝色预警

蓝色预警与危化品运输路线排队缓行路段四级风险水平相对应，风险发生将导致高速公路或一级公路在途车辆平均行驶速度≤60 km/h(二级、三级公路≤50 km/h)，车辆排队缓行≥0.5 h，缓行排队≥1.0 km。

5.1.2 事故预警处置

我国危化品道路运输交通事故预警处置流程，可划分为预警响应、预警处置、预警解除3个阶段，如图5.1所示。

(1)预警响应

按照应急预案开展危化品运输事故交通处置工作，危化品运输事故应急处置预案等级与预警等级相匹配，划分为Ⅰ、Ⅱ、Ⅲ、Ⅳ级，事故应急响应由省、市、县三级应急管理、交通运输、公安交管、医疗卫生、生态环境等部门联合执行。按照各级公安交通管理部门职责，危化品运输事故应急响应条件如下：

1)符合下列情况之一的，省级公安交管部门启动应急预案：①发生Ⅰ级、Ⅱ级风险事故的；②发生Ⅲ级风险事故，事故发生地应急处置力量和资源不足，需要支援的。

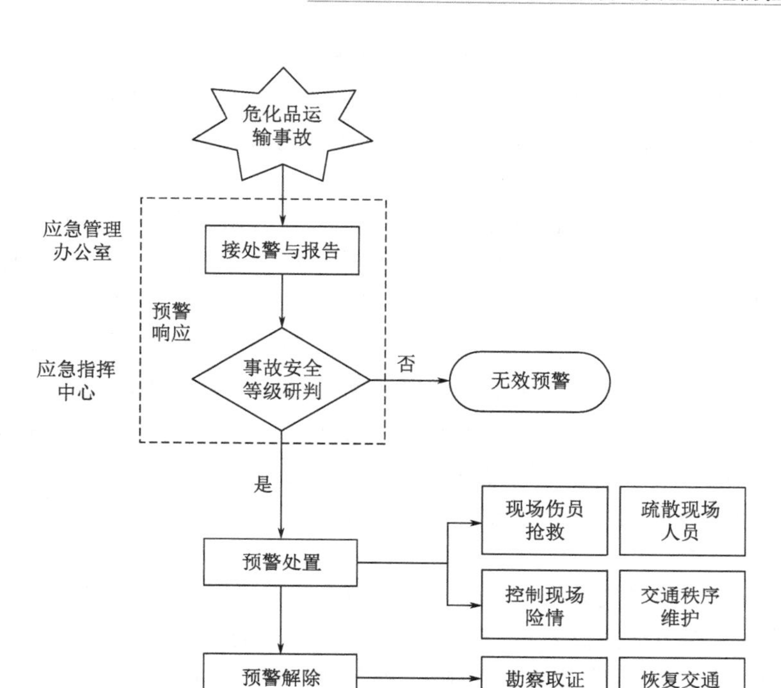

图 5.1　危化品道路运输交通事故预警处置流程

2)符合下列情况之一的,市级公安交管部门启动应急预案:①发生Ⅲ级风险事故的;②发生Ⅳ级风险事故,事故发生地应急力量和资源不足,需要支援的。

3)符合下列情况之一的,县级公安交管部门启动应急预案:①发生Ⅳ级风险事故的;②危险品车辆发生交通事故造成危险品大范围泄漏、爆炸、燃烧的,事故发生地应急力量和资源不足,需要支援的。

(2)预警处置

1)现场伤员抢救。危化品运输事故发生后,在急救、医疗部门人员到达现场之前,现场公安交管、运营企业等部门人员,按照先救人后救物、抢救与求援并重、注意保护现场原则,及时将受伤人员疏散到安全地带,并按照救护操作规范,对伤情危急的伤员进行止血、包扎等紧急处置。组织人员疏散时,要注意向上风方向和较高地势撤离,并采取有效措施,防止疏散方向错误或相互碰撞、践踏而引发次生灾害。

2)控制现场险情。通过询问驾乘人员、观察泄漏物、查阅文字资料、查看标志符号等方式,判明危险物品名称、性质,按照《常见危险品特征及先期处置方法》,采取应急措施,控制险情。

3)疏散现场人员。迅速疏散现场人员到安全区域,在可能的条件下,应将载有危化品的车辆或危险物品移到尽量远离人群、建筑物、高压电线的空旷地带。

4)交通秩序维护。根据现场道路条件、交通事故性质、危化品和车辆的危害程度等情况，采取封闭道路、划定警戒区等临时交通管制措施，保护现场处置人员、滞留人员的安全和避免二次事故发生。

现场警戒。交警到达现场初步查明情况后，首先划定半径不得少于200 m的现场警戒范围，用警戒带布置警戒线，禁止无关人员进出，指挥驾驶员、乘客等人员退出路外，疏散到安全地带等候。在距现场来车方向，在划定的范围外设置发光或者反光的交通标志，指派专人疏导交通，保障抢险救援通道畅通有序。

交通管制。对危化品运输车辆发生侧翻、碰撞、燃烧事故，引起危化品泄漏、外溢，可能扩大危险的事故现场，采取阻断交通、强制分流车辆的管制措施，分流点设置临时执勤岗位。对一般的、不会引发危险扩大的事故现场，道路条件许可的，采取封闭部分车道、诱导分流车辆的管制措施，在上游分流路段和受流路段发布诱导分流措施。

救援保障。现场交警指挥抢险救援车辆快速有序进入警戒范围，指挥事故勘查车停放在来车方向道路右侧，其他警车和指挥车辆在事故勘查车后方顺次停放，消防车、救护车、抢险救援车、清障车等车辆在警车和指挥车辆后方顺次停放。所有车辆开启警灯、危险报警闪光灯和示廓灯。

(3)预警解除

1)勘查取证，险情排除后，按照现场勘查要求和现场实际情况，公安交管部门会同安监、消防部门适时组织人员勘查现场、调查取证。

2)现场处置完毕后，配合消防、环保等部门对现场实施洗消，组织人员清理现场，恢复交通。

5.1.3 协同处置策略

危化品道路运输从源头的生产经营单位托运人，到运输单位承运人，最后到使用单位，涉及环节多、相关企业多、监管部门多，安全监管难度大。目前，由于部门之间的行政壁垒使危化品事故处置尚未形成有效的闭环管理体系，相关监管部门缺乏联合机制，存在条块分割、相互衔接不够紧密的问题，导致涉危化品运输安全事件处置合力不足。建立多部门协同处理模式，对于共享和流转应急处置资源、破除传统应急处置模式资源获取瓶颈、提高救援效率和降低危化品事故的危害具有重要作用。危化品道路运输事故协同处置策略包括以下4个方面。

(1)联合编制危化品道路运输事故协同处置预案

由各级政府主导，组织应急管理、交通运输、公安交管、环境保护、医疗卫生等部门以及危化品生产和运输企业、道路运营企业，依据各部门职责和事故处理程序，联合编制《危化品道路运输事故协同处置预案》，按照危化品运输事故风险类别和等级，明确各参与单位责任范围、协同联动处置措施和应急救援资源共享机制。

(2)统一设立危化品道路运输应急指挥机构

按照危化品运输安全风险等级及影响后果，由各地政府组织应急管理、交通运输、公安交管、生态环保、医疗卫生、保险、道路运营等单位，单独成立应急指挥中心，主要负责监测危化品道路运输装卸和在途各环节作业情况，检测发现和处理安全风险事件，开展涉危化品运输车辆突发交通事件应急救援处置培训和定期演练等工作。下设应急管理办公室负责日常工作。

(3)建立危化品运输全链条多部门监测系统平台

《危险货物道路运输安全管理办法》要求，建立国家危险化学品监管信息共享平台，加强危险货物道路运输安全管理，据此交通运输部门研发了部、省、市、企业多级管理平台，应用GPS、北斗定位等技术，为危险化学品的生产、储存、运输、使用和经营企业严格执行充装或者装载查验、记录制度提供了工具手段，同时为动态发现危险品运输过程中发生的交通事故，及时研判危险品运输事故发生的地点、类型、等级等，预测事故影响的发展趋势，为多部门协同联动应急反应决策、指挥提供可靠的技术支持。危化品运输全链条监测系统平台应具有如下功能。

1)危化品禁限行管理。平台统一汇聚全国危化品运输禁止通行、限制通行区域和路线，常备通行路线和许可停放点数据，具备危化品运输通行许可审批功能，为危化品道路运输路线规划、合法安全通行提供平台和技术支撑。

2)危化品道路运输监测。危化品道路运输车辆安装、使用具有行驶记录功能的卫星定位装置，按照企业监控、政府监管、联网联控的原则动态监督管理道路运输车辆，并将车辆行驶的动态信息和企业、驾驶员、车辆的相关信息逐级上传至全国道路运输车辆动态信息公共交换平台，同步接收道路货运车辆公共平台转发的货运车辆行驶的动态信息。道路运输管理机构负责建设和维护道路运输车辆动态信息公共服务平台，建立逐级考核和通报制度，保证联网联控系统长期稳定运行。建立道路运输管理机构、公安机关交通管理部门、应急管理部门间信息共享机制，根据需要可以通过道路运输车辆动态信息公共服务平台，随时或者定期调取系统中的全国道路运输车辆动态监控数据。道路货运车辆公共平台负责对危化品运输车辆进行动态监控，设置监控超速行驶和疲劳驾驶限值，自动提醒驾驶员纠正超速行驶、疲劳驾驶等违法行为。道路运输企业应当建立健全并严格落实动态监控管理相关制度，按照规定设置监控超速行驶和疲劳驾驶限值，以及核定运营线路、区域及夜间行驶时间等，在所属车辆运行期间对车辆和驾驶员进行实时监控和管理。

3)事件发现与快速处置

利用危化品运输车辆卫星定位装置采集的车辆行驶动态数据,实时检测车辆超速行驶、疲劳驾驶、违法停车、低速行驶等危险或违法行为,及时通过车辆动态监控平台或短信发送平台向在途驾驶员发送预警信息,动态远程主动干预异常行为,纠正或消除高风险违法行为。对擅自更改路线、绕行高速或私拉乱跑等行为,做好监控记录并及时报送备案。

(4)建立跨区域跨部门协同处置机制

危化品道路运输协同处置应遵循快速反应、统一指挥、分级响应、协同应对原则,条块结合并以块为主。"条块结合"是指在事故处理过程中,应将中央和地方的力量结合在一起,共同应对事故,"以块为主"是指在处理事故时,应以地方为主,中央提供必要的支持和指导。危化品运输事故的协同处置策略有如下7个方面。

1)预案启动。应急指挥机构在检测或收到危化品运输事故报告时,掌握事故地点、时间,了解危化品名称、数量,问询车辆牌号及基本信息,核实事故现场伤亡等。根据预案启动条件,立即启动协同联动应急处置预案。

2)初步评估。派出侦检人员,侦查核实事故车辆基本情况、信息,根据风向、温度、地形地势、周边道路,判断现场情况,排查安全隐患,对涉险人员组织救援,实时上报总指挥部。进一步开展全面侦检,判断危害程度,确定事故区域,搜救、撤离涉险人员,调整应急警戒区范围,管控火源等风险。总指挥部综合现场侦查结果初步评估安全风险,调整优化应急预案生成处置方案。

3)资源调配。根据事故初步评估结果,启动现场作战指挥部,调配消防、公安、交通等参与部门的专业应急处置和救援人员、装备等资源力量,按照处置方案要求开展协同应急处置。

4)现场指挥。现场作战指挥部与应急总指挥部联动统一指挥,应急总指挥部召集应急工作会议,研判现场灾情,确定应急方案,明确各单位职责及任务分工;现场作战指挥部根据应急方案和任务分工,调整应急资源力量部署,组织实施应急救援行动。

5)措施实施。在现场作战指挥部指导下,公安部门负责现场警戒、事故区域道路交通管制、人员疏散,医疗部门负责现场伤员急救、转运,环保部门负责实时监测并通报现场空气、水源、土壤情况,气象部门负责实时监测并通报天气情况,消防和道路运营单位负责调集工程机械设备、清障车辆等装备参与联合处置行动。

6)现场清理。在事故处理完毕后进行现场清理工作,恢复现场秩序和道路通行环境。

7)事后评估。事故处理完毕后,对事故发现、预警、处置全链条进行事后评估,总结经验教训,改进协同联动应急处置预案。

5.1.4　预警信息发布

危化品运输路线事故风险预警信息发布内容主要包括事故风险预警信息、安全提示信息、应急信息、突发事件信息四大类。按照信息的功能属性,分类别选择合理的发布方式向运输安全相关的管理者或运营者,以及运输路线上可能受到安全影响的道路使用者传递信息。风险预警信息发布的成效,取决于信息内容本身及发布方式的选择。目前,全国各省(区、市)及部分县区三级交通运输、公安交管、应急管理等行业监管部门,分别或依托某部门建设了重点车辆安全监管平台,同时,按照《道路运输车辆动态监督管理办法》要求,危化品运输企业建立了车辆在线动态监控平台,为实现危化品运输事故风险预警信息共享提供了基础平台条件。针对在途或规划出行的道路使用者,手机或车载移动终端导航应用已全面普及,能够实时在线接收信息,为风险预警信息精准发布与大范围发布提供了可能,再配合可变信息板、短信、微信、微博、Web 门户、广播和电视等传统信息发布方式,显著提升风险预警信息发布的时效性和有效性。危化品运输路线事故风险预警信息发布内容与方式如表 5.2 所示。

表 5.2　危化品运输路线事故风险预警信息发布内容与方式

类别		发布内容	服务对象	发布方式
事故风险预警信息	风险等级	当前、短时、长时事故风险等级时空分布信息	使用者、管理者	监管平台共享、导航、可变信息板、短信、微信、微博、Web 门户、广播和电视
	风险致因	不同时间尺度事故风险致因,包括人员、车辆、道路环境、交通运行、安全管理等交通要素	管理者	监管平台共享
安全提示信息	交通管控	限速、道路关闭、车道关闭及匝道关闭信息、交通绕行分流路径、交通管制信息	使用者	导航、可变信息板、短信、微信、微博、Web 门户、广播和电视
	安全隐患	事故多发路段,长下坡、急弯和临水临崖等安全隐患路段		导航、可变信息板
	安全行车建议	安全车速建议、安全路径规划、安全驾驶策略建议		导航、可变信息板
应急信息	应急预案	涉及危化品运输安全的不同突发事件类型和风险等级制定的部门联合应急预案	管理者	监管平台共享
	应急资源	应急管理、公安交管、交通运输、医疗卫生、环境保护、产权单位等部门应急救援人员及物资配置信息,以及运输路线及周边应急资源配置信息		

续表

类别		发布内容	服务对象	发布方式
突发事件信息	事件类型及影响	交通事故、恶劣天气、道路设施损毁、长时间大范围拥堵等突发事件预警	使用者、管理者	导航、可变信息板、短信、微信、微博、Web 门户、广播和电视、监管平台共享
	事件预警等级	红色预警、橙色预警、黄色预警、蓝色预警	管理者	监管平台共享

5.2 风险防控体系构建

危化品运输路线事故风险防控体系按照事故风险预警等级，分别从人员、运输车辆、道路与环境、管理安全要素及风险出发，构建人、车、环境、管理四维风险防控技术体系，提出危化品运输车辆安全管理措施，实现危化品运输车辆与通行道路条件、交通环境相互适应匹配，将系统安全风险控制在可调控范畴内，保持危化品运输全过程处于安全稳定状态，有效防控危化品运输路线事故风险。

5.2.1 红色预警

5.2.1.1 人员安全风险防控

危化品运输路线事故风险等级处于一级状态时，发布事故风险红色预警，相关人员安全风险防控措施如表 5.3 所示。

表 5.3 危化品运输路线红色预警人员安全风险防控措施

类型		人员安全风险防控措施
1	在途危化品运输车辆驾驶员	(1)开启危险报警闪光灯，限速 20 km/h 或严格遵照路段限速值谨慎行驶，禁止超车，保持车间距 50 m 以上编队行驶，遇雨雾冰雪等恶劣天气时加大间隔距离，选择备选路线行驶，向所属企业报送车辆位置及运行情况
		(2)交通管制路段跟随警车或按照指示标志，从就近分流点或收费站口驶离道路，或引导至服务区、沿线城镇、指定停车点，设置隔离区等待通行
		(3)运输介质为剧毒品的车辆驾驶员，应向所属企业报告行驶路线及运输时段
		(4)驶离道路至安全地点，通过电子地图导航、互联网、广播、电话、微博、微信等渠道，实时关注交通管制信息和事故风险预警信息
2	计划出行危化品运输车辆驾驶员	(1)向所属企业报告运输路线事故风险预警信息及交通管制信息，调整运输任务计划
		(2)通过电子地图导航、互联网、广播、电话、微博、微信等渠道，实时关注运输路线事故风险预警及交通管制信息动态变化

5.2.1.2　车辆安全风险防控

危化品运输路线事故风险等级处于一级状态时，发布事故风险红色预警，危化品运输在途车辆安全风险防控措施如表 5.4 所示。

表 5.4　危化品运输路线红色预警在途车辆安全风险防控措施

类型		在途车辆安全风险防控措施
1	车辆安全性检查	(1)行驶过程中实时检查车辆制动、转向、灯光系统工作状态以及油液等计量监测装置数值状态
		(2)驶离道路至安全停车区域，检查压力表工作状态、温度测量装置工作状态，以及各阀门和密封面的密封状态，紧急切断装置状态，车辆轮胎皲裂、开口、变形、鼓包等隐患，车辆各种标志标识完好性
2	车辆通信状态检查	(1)实时检查运输车辆卫星定位装置工作状态
		(2)实时检查车载视频监控、音频与企业监管平台通信情况

5.2.1.3　道路与环境安全风险防控

危化品运输路线事故风险等级处于一级状态时，发布事故风险红色预警，危化品运输道路与环境安全风险防控措施如表 5.5 所示。

表 5.5　危化品运输路线红色预警道路与环境安全风险防控措施

类型		道路与环境安全风险防控措施
1	道路隐患风险防控	(1)途经急弯、陡坡、长大下坡、弯坡组合、临水临崖、开口不当等事故多发路段时，降低限速值、靠右侧车道行驶，禁止变换车道、保持车间距 50 m 以上，或选择备选路线行驶
		(2)禁止所有危化品运输车辆通行大桥和特大桥梁，以及长隧道和特长隧道，选择备选路线行驶
		(3)禁止危化品运输车辆通行道路基础设施损毁路段，按限速 50%速度，保持车间距 50 m 以上通行安全设施缺失路段，或选择备选路线行驶
		(4)合理规划选取备选路线，为驶离高风险路线的危化品运输车辆提供安全行驶路线
2	交通运行风险防控	(1)车辆平均运行速度差大于 15 km/h 路段派驻交警维持通行秩序
		(2)大型车辆比例超过 20%路段，远端分流大型车辆通行数量

5.2.1.4　管理安全风险防控

危化品运输路线事故风险等级处于一级状态时，发布事故风险红色预警，交通安全管理部门和危化品运输企业管理安全风险防控措施如表 5.6 所示。

表 5.6 危化品运输路线红色预警交通管理安全风险防控措施

类型		交通管理安全风险防控措施
交通管理部门	强制性管制措施	(1)封闭道路禁止通行 ①封闭主干道路禁止车辆通行，关闭管制路段服务区出口，启动远端分流方案； ②警车主动进入封闭道路压速带道，通过鸣警报、亮警灯、高音喇叭喊话、播放电子诱导屏字幕等方式提醒已进入禁行路段车辆开启危险报警闪光灯，限速 20 km/h、禁止超车、保持车间距 50 m 以上，从就近收费站口或分流点驶离高速公路，或引导至服务区、客运站、沿线城镇、指定停车点等待通行
		(2)执行一级勤务制度 ①启动省级公安交通管理部门和市支队分管领导 24 h 在岗指挥和值班备勤制度，县大队领导现场指挥执行交通管控工作，保持 3/4 以上警力在岗执勤； ②启动 24 h 巡逻勤务，主干道路按照每 20 km 一辆巡逻车进行路面巡逻，其他等级道路 40 km 一辆巡逻车，交通分流点和高速公路服务区安排民警疏导和管控车流； ③省级公安交通管理部门派工作组，赴重点地区、重点道路，指导、协调、督导应急管理工作
		(3)发布预警提示 ①预警发布。相邻省级指挥中心每日定时收发 4 次事故风险专报，3 次研判交通安全态势，及时向一线指挥人员和民警发布事故风险态势信息，同时，根据事故风险变化情况即时发布风险预警； ②宣传提示。通过电子地图导航、广播、电视、互联网、短信、微信、微博等媒介，以及道路沿线可变情报板、巡逻车辆车载显示屏等，提前发布道路封闭信息，发布之日起每日上午、中午、下午 3 次发布事故风险、交通管制信息和车辆分流方案等，同时上报公安部交通管理局备案
	建议性管理措施	(1)建议非危化品运输中长途客货运企业停止红色预警路线运输作业，实时关注出行路线事故风险预警信息与交通管制信息
		(2)建议公众尽量规避事故风险红色预警路线长途出行，实时关注出行路线事故风险预警信息与交通管制信息
	部门联动措施	(1)省际协调联动 采取跨省封闭道路措施的，应由省级公安交通管理部门提前协商邻省同意，报公安部交通管理局批准后实施车辆分流方案
		(2)部门协调联动 ①协调交通运输部门和道路经营管理部门临时关闭道路进口，部署应急救援车辆、人员上路协同公安交管部门迅速开展事故应急保障工作，必要时提请政府组织动员各方力量协助作业； ②协同交通运输部门，通过互联网、短信、微信、微博、广播电视等平台，向辖区危险化学品运输等企业发布交通事故风险预警信息和交通管制信息
		(3)其他部门 ①由于道路封闭滞留的车辆和司乘人员，积极协助民政、医疗卫生部门进行救助，必要时协调有关部门将滞留人员撤离至服务区、沿线村镇等安全区域休息等待通行； ②红色预警持续时间超过 12 h，公安机关应提请当地政府进行支援，可组织治安、特警、消防等联合上路维护交通治安秩序和驻点应急保障

续表

类型	交通管理安全风险防控措施
危化品运输企业	(1)暂停红色预警运输路线所有危化品运输车辆营运； (2)立即通知红色预警运输路线在途车辆驾驶员或随车押运员，就近驶离高速公路或国省干道； (3)运输介质为剧毒品的车辆，所属企业应立即将运输车辆行驶路线及运输时段上报属地公安、交通运输部门； (4)驶离原路线车辆运载介质发生事故诱发燃烧、爆炸、中毒、窒息等严重后果的，备选运输路线选择应远离人口密集区、城镇主干道等重要区域，以及江河、湖泊、饮用水源等地，或风景名胜、自然保护、生态功能保护等环境敏感区

5.2.2　橙色预警

5.2.2.1　人员安全风险防控

危化品运输路线事故风险等级处于二级状态时，发布事故风险橙色预警，相关人员安全风险防控措施如表 5.7 所示。

表 5.7　危化品运输路线橙色预警人员安全风险防控措施

类型		人员安全风险防控措施
1	在途危化品运输车辆驾驶员	(1)开启危险报警闪光灯，限速 40 km/h 或严格遵照路段限速值谨慎行驶，禁止超车，保持车间距 60 m 以上编队行驶，遇雨雾冰雪等恶劣天气时加大间隔距离，或选择备选路线行驶，向所属企业报送车辆位置及运行情况
		(2)交通管制路段跟随警车或按照指示标志，从就近分流点或收费站口驶离道路，选择服务区、沿线城镇、指定停车点，设置隔离区等待通行，或沟通所属企业规划选择备选路线继续行驶
		(3)偏离运输路线且运输介质为剧毒品的车辆驾驶员，应向所属企业报告行驶路线及运输时段
		(4)通过电子地图导航、互联网、广播、电话、微博、微信等渠道，实时关注交通管制信息和事故风险预警信息
2	计划出行危化品运输车辆驾驶员	(1)向所属企业报告运输路线事故风险预警信息及交通管制信息，考虑调整运输任务计划
		(2)通过电子地图导航、互联网、广播、电话、微博、微信等渠道，实时关注运输路线事故风险预警及交通管制信息动态变化

5.2.2.2　车辆安全风险防控

危化品运输路线事故风险等级处于二级状态时，发布事故风险橙色预警，危化品运输在途车辆安全风险防控措施如表 5.8 所示。

表 5.8　危化品运输路线橙色预警在途车辆安全风险防控措施

类型		在途车辆安全风险防控措施
1	车辆安全性检查	(1)行驶过程中实时检查车辆制动、转向、灯光系统工作状态,油液等计量监测装置数值状态
		(2)驶离道路至安全停车区域的车辆,检查压力表工作状态、温度测量装置工作状态,各阀门和密封面的密封状态,紧急切断装置状态,车辆轮胎皲裂、开口、变形、鼓包等隐患,车辆各种标志标识完好性
2	车辆通信状态检查	(1)实时检查运输车辆卫星定位装置工作状态
		(2)实时检查车载视频监控、音频与企业监管平台通信情况

5.2.2.3　道路与环境安全风险防控

危化品运输路线事故风险等级处于二级状态时,发布事故风险橙色预警,危化品运输道路与环境安全风险防控措施如表 5.9 所示。

表 5.9　危化品运输路线橙色预警道路与环境安全风险防控措施

类型		道路与环境安全风险防控措施
1	道路隐患风险防控	(1)途经急弯、陡坡、长大下坡、弯坡组合、临水临崖、开口不当等事故多发路段时,按限速 60%速度,靠右侧车道行驶,禁止变换车道,保持车间距 60 m 以上,或选择备选路线行驶
		(2)间断放行或分段放行大桥和特大桥梁,以及长隧道和特长隧道危化品运输车辆,并限速 40 km/h,车间距保持 60 m 以上,或选择备选路线行驶
		(3)间断放行或分段放行道路基础设施破损、安全设施缺失路段危化品运输车辆,并限速 40 km/h,车间距保持 60 m 以上,或选择备选路线行驶
		(4)合理规划选取备选路线,为驶离高风险路线的危化品运输车辆提供安全行驶路线
2	交通运行风险防控	(1)重点巡逻车辆平均运行速度差大于 15km/h 路段
		(2)大型车辆比例超过 20%路段,间断放行大型车辆通行数量,远端分流危化品运输车辆

5.2.2.4　管理安全风险防控

危化品运输路线事故风险等级处于二级状态时,发布事故风险橙色预警,交通安全管理部门和危化品运输企业管理安全风险防控措施如表 5.10 所示。

表 5.10　危化品运输路线橙色预警交通管理安全风险防控措施

类型		交通管理安全风险防控措施
交通管理部门	强制性管制措施	(1)禁止重点车辆通行 ①禁止七座以上客车、货车和危险品运输车等重点车辆通行,对已进入橙色预警路段的重点车辆通过沿线可变情报板或巡逻车引导至服务区、客运站、沿线城镇、指定停车点等待通行

续表

<table>
<tr><th colspan="2">类型</th><th>交通管理安全风险防控措施</th></tr>
<tr><td rowspan="8">交通管理部门</td><td rowspan="3">强制性管制措施</td><td>②小型客车间断放行或分段放行，警车主动进入道路压速带道，通过鸣警报、亮警灯、高音喇叭喊话、播放电子诱导屏字幕等方式提醒车辆开启危险报警闪光灯，限速 40 km/h，保持车间距不小于 60 m</td></tr>
<tr><td>(2)执行二级勤务制度
①启动省级公安交通管理部门和市支队分管领导 12 h 在岗指挥和 24 h 值班备勤制度，县大队领导现场指挥执行交通管控工作，保持 2/3 以上警力在岗执勤；
②启动 24 h 巡逻勤务，在重点路段部署警力进行巡逻</td></tr>
<tr><td>(3)发布预警提示
①预警发布。相邻省级指挥中心每日定时收发 3 次事故风险专报，3 次研判交通安全态势，及时向一线指挥人员和民警发布事故风险态势信息，同时，根据事故风险变化情况即时调整风险预警等级；
②宣传提示。通过电子地图导航、广播、电视、互联网、短信、微信、微博等媒介，以及道路沿线可变情报板、巡逻车辆车载显示屏等，提前发布道路封闭信息，发布之日起每日上午、中午、下午多次滚动发布事故风险、交通管制信息和车辆分流方案等，同时上报公安部交通管理局备案</td></tr>
<tr><td rowspan="2">建议性管理措施</td><td>(1)建议非危化品运输的中长途客货运企业延时安排橙色预警路线运输作业，实时关注出行路线事故风险预警信息与交通管制信息</td></tr>
<tr><td>(2)建议公众尽量规避事故风险橙色预警路线长途出行，实时关注出行路线事故风险预警信息与交通管制信息</td></tr>
<tr><td rowspan="3">部门联动措施</td><td>(1)省际协调联动
跨省采取重点车辆禁止通行措施的，省级公安交通管理部门提前告知相邻省级公安交通管理部门应急预警等级和交通管制方案，由相邻省份总队向本辖区发布应急预警信息</td></tr>
<tr><td>(2)部门协调联动
①协调交通运输部门和道路经营管理部门协助实施重点车辆禁行措施，部署应急救援车辆、人员上路协同公安交管部门迅速开展事故应急保障工作；
②协同交通运输部门，通过互联网、短信、微信、微博、广播电视等平台，向辖区危险化学品运输等企业发布交通事故风险预警信息和交通管制信息</td></tr>
<tr><td>(3)其他部门
①由于交通管制滞留的重点车辆和司乘人员，积极协助民政、医疗卫生部门进行救助，必要时协调有关部门将滞留人员撤离至服务区、沿线村镇等安全区域休息等待通行；
②橙色预警持续时间超过 6 小时，公安机关应提请当地政府进行支援，可组织当地治安、应急消防等部门联合维护交通秩序和驻点应急保障</td></tr>
<tr><td colspan="2">危化品运输企业</td><td>(1)暂停橙色预警运输路线所有危化品运输车辆营运；
(2)立即通知橙色预警运输路线在途车辆驾驶员或随车押运员，就近驶离高速公路或国省干道；
(3)运输介质为剧毒品的车辆，所属企业应立即将运输车辆行驶路线及运输时段上报属地公安、交通运输部门；
(4)驶离原路线车辆运载介质发生事故诱发燃烧、爆炸、中毒、窒息等严重后果的，备选运输路线选择应远离人口密集区、城镇主干道等重要区域，以及江河、湖泊、饮用水源等地，或风景名胜、自然保护、生态功能保护等环境敏感区</td></tr>
</table>

5.2.3 黄色预警

5.2.3.1 人员安全风险防控

危化品运输路线事故风险等级处于三级状态时，发布事故风险黄色预警，相关人员安全风险防控措施如表 5.11 所示。

表 5.11 危化品运输路线黄色预警人员安全风险防控措施

类型		人员安全风险防控措施
1	在途危化品运输车辆驾驶员	(1)限速 60 km/h 或严格遵照路段限速值谨慎行驶，禁止超车，保持车间距 80 m 以上编队行驶，遇雨雾冰雪等恶劣天气时加大间隔距离
		(2)交通管制路段跟随警车或按照指示标志行驶，禁止急打方向、急刹车、急转弯、随意变换车道等危险驾驶行为

5.2.3.2 车辆安全风险防控

危化品运输路线事故风险等级处于三级状态时，发布事故风险黄色预警，危化品运输在途车辆安全风险防控措施如表 5.12 所示。

表 5.12 危化品运输路线黄色预警在途车辆安全风险防控措施

类型		在途车辆安全风险防控措施
1	车辆安全性检查	(1)行驶过程中实时检查车辆制动、转向、灯光系统工作状态，油液等计量监测装置数值状态
		(2)严格执行 2 小时停车或换班休息制度，安全停车后检查压力表工作状态、温度测量装置工作状态，各阀门和密封面的密封状态，紧急切断装置状态，车辆轮胎皲裂、开口、变形、鼓包等隐患，车辆各种标志标识完好性
		(3)重点巡逻大型车辆比例超过 20%路段

5.2.3.3 管理安全风险防控

危化品运输路线事故风险等级处于三级状态时，发布事故风险黄色预警，交通安全管理部门和危化品运输企业管理安全风险防控措施如表 5.13 所示。

表 5.13 危化品运输路线黄色预警交通管理安全风险防控措施

类型		交通管理安全风险防控措施
交通管理部门	强制性管制措施	(1)间断放行 ①不限制车辆通行，利用电子地图导航、道路沿线可变情报板或巡逻车诱导屏字幕等方式，提醒车辆安全行驶，限速 60 km/h，保持车间距不小于 80 m； ②高速公路、国省干道交通占有率超过 80%，采取临时管制大型客货运车辆方式间断放行

续表

<table>
<tr><th colspan="2">类型</th><th>交通管理安全风险防控措施</th></tr>
<tr><td rowspan="3">交通管理部门</td><td rowspan="2">强制性管制措施</td><td>(2)执行三级勤务制度
①启动市支队分管领导 12 小时在岗和 24 小时值班备勤制度,县大队领导现场指挥执行交通管控工作,保持 1/2 以上警力在岗执勤;
②启动 24 小时巡逻勤务,重点巡视急弯、长大下坡、桥梁、隧道、临水临崖等安全隐患路段和事故多发路段</td></tr>
<tr><td>(3)发布预警提示
①预警发布。辖区指挥中心每日定时收发 2 次事故风险专报,2 次研判交通安全态势,及时向一线指挥人员和民警发布事故风险态势信息,同时,根据事故风险变化情况即时调整风险预警等级;
②宣传提示。通过电子地图导航、广播、电视、互联网、短信、微信、微博等媒介,以及道路沿线可变情报板、巡逻车辆车载显示屏等,提前发布道路封闭信息,发布之日起每日多次滚动发布事故风险、交通管制信息</td></tr>
<tr><td>部门联动措施</td><td>(4)部门协调联动
①协调交通运输部门和道路经营管理单位,在高速公路、国省干道交通占有率超过 80%时段,减少收费站人口通道或延长发卡间隔时间,拉大车辆间距,调节交通流量;
②协同交通运输部门,通过互联网、短信、微信、微博、广播电视等平台向辖区客货运、危险化学品运输等企业发布事故风险预警信息和交通管制信息</td></tr>
<tr><td colspan="2">危化品运输企业</td><td>(1)通过危化品运输车辆安全监管平台,在线密切监测车辆运行情况,及时提醒、纠正在途驾驶员和押运员不安全驾驶行为;
(2)实时通过电子地图导航、广播、电视、互联网、微信、微博等媒介,关注事故风险预警等级和交通管制信息</td></tr>
</table>

5.2.4　蓝色预警

5.2.4.1　人员安全风险防控

危化品运输路线事故风险等级处于四级状态时,发布事故风险蓝色预警,相关人员安全风险防控措施如表 5.14 所示。

表 5.14　危化品运输路线蓝色预警人员安全风险防控措施

类型	人员安全风险防控措施
危化品运输车辆驾驶员	(1)限速 80 km/h 或严格遵照路段限速值谨慎行驶,禁止超车,保持车间距 100 m 以上编队行驶
	(2)避免急打方向、急刹车、急转弯、随意变换车辆等危险驾驶行为
	(3)通过电子地图导航、互联网、广播、电话、微博、微信等渠道,实时关注事故风险预警信息变化情况

5.2.4.2 车辆安全风险防控

危化品运输路线事故风险等级处于四级状态时，发布事故风险蓝色预警，危化品运输在途车辆安全风险防控措施如表 5.15 所示。

表 5.15 危化品运输路线蓝色预警在途车辆安全风险防控措施

类型		在途车辆安全风险防控措施
1	车辆安全性检查	(1)行驶过程中实时检查车辆制动、转向、灯光系统工作状态，油液等计量监测装置数值状态
		(2)严格执行 2 小时停车或换班休息制度，安全停车后检查压力表工作状态、温度测量装置工作状态，各阀门和密封面的密封状态，紧急切断装置状态，车辆轮胎皲裂、开口、变形、鼓包等隐患，车辆各种标志标识完好性
2	车辆通信状态检查	(1)定时检查运输车辆卫星定位装置工作状态
		(2)定时检查车载视频监控、音频与企业监管平台通信情况

5.2.4.3 道路与环境安全风险防控

危化品运输路线事故风险等级处于四级状态时，发布事故风险蓝色预警，危化品运输道路与环境安全风险防控措施如表 5.16 所示。

表 5.16 危化品运输路线蓝色预警道路与环境安全风险防控措施

类型		道路与环境安全风险防控措施
1	道路隐患风险防控	(1)途经急弯、陡坡、长大下坡、弯坡组合、临水临崖、大桥和特大桥梁、长隧道和特长隧道等事故多发路段时，按限速 80%速度靠右侧车道行驶，禁止变换车道，保持车间距 100 m 以上
		(2)途经道路基础设施破损、安全设施缺失路段时，限速 60 km/h，车间距保持 80 m 以上通行
2	交通运行风险防控	(1)重点巡逻车辆平均运行速度差大于 20 km/h 路段
		(2)重点巡逻大型车辆比例超过 20%路段

5.2.4.4 管理安全风险防控

危化品运输路线事故风险等级处于四级状态时，发布事故风险蓝色预警，交通安全管理部门和危化品运输企业管理安全风险防控措施如表 5.17 所示。

表 5.17 危化品运输路线蓝色预警交通管理安全风险防控措施

类型	交通管理安全风险防控措施
交通管理部门	(1)限速通行。利用电子地图导航、道路沿线可变情报板、临时限速标志、交通广播、巡逻车诱导屏字幕等方式，主干公路提示限速 80 km/h，保持车间距不小于 100 m
	(2)重点巡查急弯、长大下坡、桥梁、隧道、临水临崖等安全隐患路段和事故多发路段

续表

类型	交通管理安全风险防控措施
交通管理部门	(3)发布预警提示 ①预警发布。辖区指挥中心每日定时收发 1 次事故风险专报,1 次研判交通安全态势,及时向一线指挥人员和民警发布事故风险态势信息,同时,根据事故风险变化情况即时调整风险预警等级; ②宣传提示。通过电子地图导航、广播、电视、互联网、短信、微信、微博等媒介,以及道路沿线可变情报板、巡逻车辆车载显示屏等,每日多次滚动发布事故风险预警信息
危化品运输企业	(1)通过危化品运输车辆安全监管平台,在线监测车辆运行情况,及时提醒、纠正在途驾驶员和押运员不安全驾驶行为; (2)实时通过电子地图导航、广播、电视、互联网、微信、微博等媒介,关注事故风险预警等级和交通管制信息

5.3 危化品运输通行路线规划

5.3.1 备选路线选取

5.3.1.1 备选路线选取依据

常规通行的危化品运输路线事故风险处于红色预警和橙色预警等级时,强制要求危化品运输车辆驶离高风险路线,无论交通管理部门还是运输企业,均需要提前或临时选取备选路线,为驶离高风险路线的危化品运输车辆提供安全行驶路线。危化品运输备选路线选取除考虑路线事故风险,还需综合考虑以下因素:

(1)路线两侧人口分布;

(2)危化品类别及运量;

(3)沿线应急救援能力;

(4)相邻行政区备选路线的连续性及运输成本;

(5)运输车辆停靠和装卸货物便利性,以及沿途油料补给、休息和维修车辆等基础保障条件;

(6)其他应当考虑的因素。

5.3.1.2 备选路线选取步骤

步骤 1:按照常规危化品运输路线走向,选取多条同向最有可能符合要求的备选运输路线。

步骤 2:调研备选运输路线交通管制情况,路线调研除获取事故风险评估需要的交通事故、交通运行等数据外，重点调研备选路线桥梁、隧道等特定路段危化品运输限制或禁止性规定，作为备选路线排除条件。

步骤3：调研备选运输路线车辆通行条件，重点调研备选路线是否满足危险化学品车辆通行需求，如桥梁承重极限、桥下净空限制、路肩宽度、纵坡、转弯半径以及长期道路施工活动等，作为备选路线排除条件。

步骤4：调研备选运输路线两侧人口分布情况，人口特别稠密的地带应规划绕行路线，供所有或部分危险化学品车辆通行。

步骤5：备选运输路线起终点通常选在港口、转运站、化工厂等地，当起终点不在同一个安全管理辖区时，需要规划危化品运输过境路线。

5.3.2 路线方案比选

5.3.2.1 方案比选原则

综合备选路线历史交通安全及运行数据，评估事故风险值及等级。依据备选路线事故风险值进行路线比选时，按以下原则执行：

(1)如现有通行路线的事故风险较低，则应继续按现有通行路线执行。

(2)如现有通行路线的事故风险较风险最低备选路线(非重合部分)高50%，则采用该备选路线。

(3)如现有通行路线安全风险较高，但与风险最低备选路线相差不超过50%的，当该备选路线长度不超过现有通行路线长度的1.25倍时，采用该备选路线。

(4)当备选路线间的事故风险值相近时，按以下原则比选路线方案：

①在备选路线间安全风险相近时，应急反应能力应作为选线决策的主要依据。

②在备选路线间安全风险相近时，是否存在医院、学校、水源地、湿地等应作为路线比选的重要依据。

③应对比沿线地形对危化品泄漏物扩散、控制、清除等产生的影响。

④应对比不利天气条件对交通安全，以及危化品泄漏物扩散、控制、清除等产生的影响。

⑤还应考虑沿线交通流量及拥堵状况，对事发后应急反应、交通管控等产生的影响。

(5)涉及桥梁、隧道、高架路等特殊路段，按以下原则比选路线方案：

①涉及重点长隧道、长大桥梁或其他特殊路段时，可设置为禁止通行路线或执行限车道、限时段、限危化品种类等限制通行措施。

②应考虑桥梁、隧道等特殊构造物的修复成本，特别是修复时间应作为路线方案比选的依据。

③对于桥梁和高架路段，事故发生时驾乘人员逃生的难易程度也应作为路线方案比选的依据。

5.3.2.2　方案比选步骤

根据备选危化品运输路线事故风险值及等级、自然环境风险、应急反应能力以及其他纳入分析的因素和条件进行方案比选，实施步骤如下：

(1)排除通行条件不满足基本要求的备选路线；

(2)排除不符合相关法律法规要求的备选路线；

(3)选出事故风险值较小的备选路线，首要考虑以下条件：

①考虑沿线应急救援资源配备情况，包括应急处置装备、车辆、人员、医疗床位数量以及危险化学品临时存储能力等。

②考察备选路线应急救援资源空间位置分布情况，计算路线单位长度上可用资源，可采用 10 分钟应急反应窗口期内可抵达事故现场的应急救援力量与路线长度的比值表征。

次要考虑危化品运输成本条件。考虑经不同备选路线运输危化品的经济成本差异，可采用行程时间价值、油耗等指标进行计算。不同路线间的行程时间差异应采用运行速度计算。

(4)如不能选出更优危化品运输路线，则应该保持现有通行路线。

5.4　事故预警与风险防控系统

5.4.1　功能需求分析

基于危化品运输路线基本路段划分，以及自由流、拥堵流和阻塞流交通状态识别技术，应用危化品运输短时和长时事故预测方法，评估危化品运输路线安全风险等级，依据风险等级进行风险预警，自动匹配安全风险防控措施，研发危化品运输风险预警与防控平台(以下简称“平台”)。平台功能需求分析如下：

(1)输入或导入目标危化品运输路线交通流量、速度、密度、车型比例等动态交通运行数据，以及历史交通事故、道路线形特征、安全管理措施等静态数据，平台自主判断危化品运输路线各基本路段的自由流、拥堵流和阻塞流 3 种交通运行状态。

(2)综合交通运行状态、通行车辆类型、道路条件、历史交通事故等数据，应用短时和长时事故预测算法，输出 10 分钟、30 分钟、1 小时和 1 天短时事故预测，以及 1 周、1 月、1 季度和 1 年长时事故预测结果。

(3)根据短时和长时事故预测结果,应用危化品运输路线风险评估及等级划分方案,在区域路网地图上自动生成路段事故综合风险,采用不同颜色表示事故风险等级。

(4)根据区域路网事故风险分布情况,自动预警不同等级安全风险,路网自动生成备选危化品运输路径诱导方案,以及生成风险致因雷达图,自动匹配人员安全风险、车辆安全风险、道路与环境安全风险、管理安全风险管控措施。

(5)统计分析历史时刻、时段危化品运输路线事故风险预警数量、类型、发生时间、发生路段、处理过程和结果,查询历史事故风险演化结果,危化品禁限行路线、常备通行路线、许可停放点,备选规划路线。

5.4.2 功能模块设计

按照平台开发功能需求,将平台结构划分为以下五个功能模块(子系统)。

(1)数据导入子系统。数据导入子系统能够逐条、批量导入或读取公安交通管理大数据应用平台、道路卡口视频、危化品运输企业车辆监管平台、电子地图用户驾驶行为等数据,并与第三方开放平台基础地理信息数据进行匹配,识别目标路线交通运行状态。

(2)事故预测子系统。基于数据导入子系统存贮的数据,应用短时和长时事故预测算法,实现危化品运输路线目标路段事故预测。

(3)风险评估子系统。基于事故预测子系统获得的危化品运输路线目标路段事故发生概率,结合不同类别危化品运输车辆相关事故的后果,计算输出目标路段事故风险值及风险等级。

(4)管控建议子系统。根据危化品运输路线目标路段事故风险值和风险等级,及其计算变量(风险致因)值,能够自动绘制风险致因雷达图,给出需要干预、预警的风险致因,以及路径诱导方案,自动匹配人员安全风险、车辆安全风险、道路与环境安全风险、管理安全风险管控措施,为开展事故风险防控行动提供决策支持。

(5)统计分析子系统。综合危化品运输路线交通事故风险预测、评估、预警、处置过程和结果数据,叠加基本路段、道路线型、交通事故、交通运行等数据与计算结果,存储至交通信息数据库,通过映射关系实现数据查询与统计分析。

5.4.3 技术与功能实现

5.4.3.1 平台技术实现

危化品运输风险预警与防控平台功能实现总体思路,是将 J2EE 作为开发的基础实施平台，采用 C++实现数据处理服务器的核心处理单元，保证平台输入数据的处理能力；基于 GIS 系统，实现短时和长时事故预测，以及事故风险评估结果的可视化展示；基于风险评估结果，构建风险管控建议子系统，按照人、车、环境等风险致因研判结果，自动匹配生成风险防控建议。其中，数据处理服务器包含 J2EE 接口模块和 C++处理模块两部分，J2EE 接口模块负责提供与数据处理服务器其他部分交互的接口，C++处理模块实现处理动态交通数据以及危化品运输路线筛选功能，并且将数据按既定策略提交至数据库。

5.4.3.2　平台功能实现

(1)登录平台。平台支持 IE8 到 IE10 版本以及使用 IE 内核或者 IE 兼容模式的浏览器。打开浏览器，输入平台访问地址，进入平台登录界面，如图 5.2 所示。

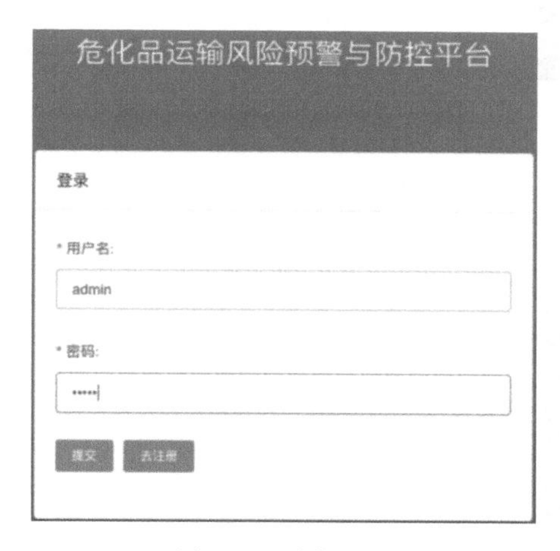

图 5.2　平台登录

管理用户直接输入给定的管理员用户名和密码，点击“提交”登录平台，登录成功将会弹出成功提示信息。企业用户首先注册账户，信息填写完整后点击“提交管理员审核”，审核通过后可以直接输入注册的用户名和密码登录平台。平台功能交互页面如图 5.3 所示。

(2)数据导入子系统。本地批量导入和单条导入格式均为 Excel，平台数据导入交互页面如图 5.4 所示。

(3)事故预测子系统。应用事故预测子系统，选择预测时段区间及目标路段，平台自动生成短时预测(10 分钟、30 分钟、1 小时、1 天)及长时预测(1 周、1 月、1 季度、1 年)事故发生概率，如图 5.5 所示。

(4)风险评估子系统。平台以目标路段为基本单元，显示危化品运输路线风险量化值，可选择地图颜色与数值标注两种显示模式，如图 5.6 所示。

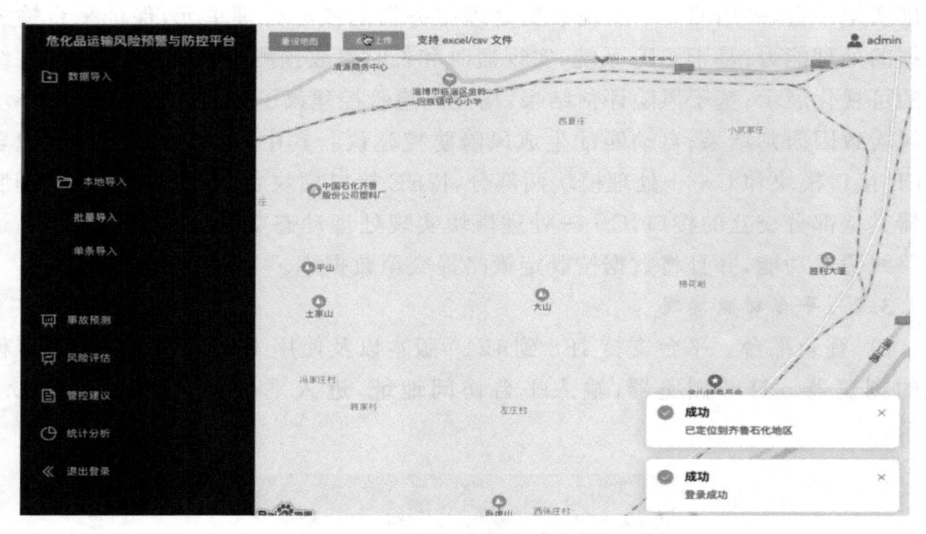

图 5.3　平台功能交互页面

图 5.4　平台数据导入交互页面

(5)管控建议子系统。平台以绿色路线表示当前路网范围内可供危化品运输车辆安全通行的建议路径,以雷达图形式输出目标路段驾驶员、运输车辆、道路条件与交通环境、安全管理 4 个维度事故风险致因,如图 5.7 所示。

(6)统计分析子系统。平台以基本路段为单位,可查询和统计已录入的基础数据,以及模型计算获得的事故预测与风险评估结果,如图 5.8 所示。

(7)平台用户管理。平台用户划分为管理用户和企业用户 2 类,其中,管理用户提供危化品运输路线事故预测、安全风险评估、统计查询等所有功能模块权限,企业用户提供危化品运输车辆 GPS 数据导入接口,并提供保密机制。

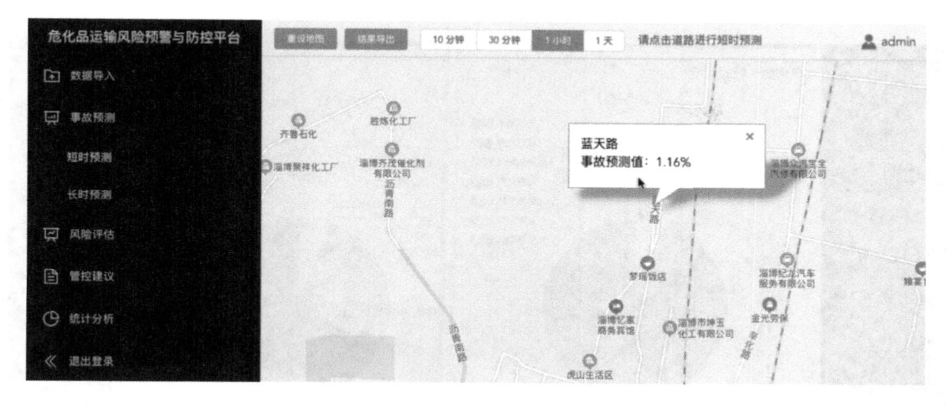

图 5.5　平台事故预测功能页面

图 5.6　平台风险评估功能页面

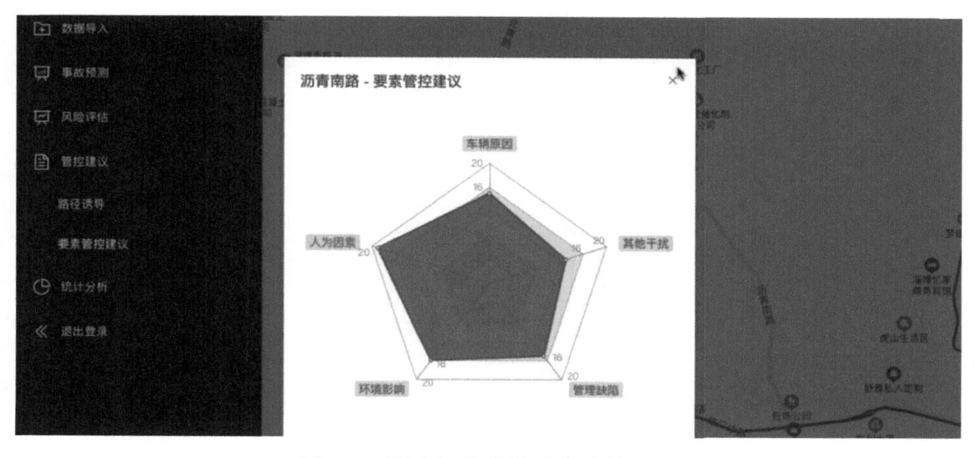

图 5.7　平台风险管控建议功能页面

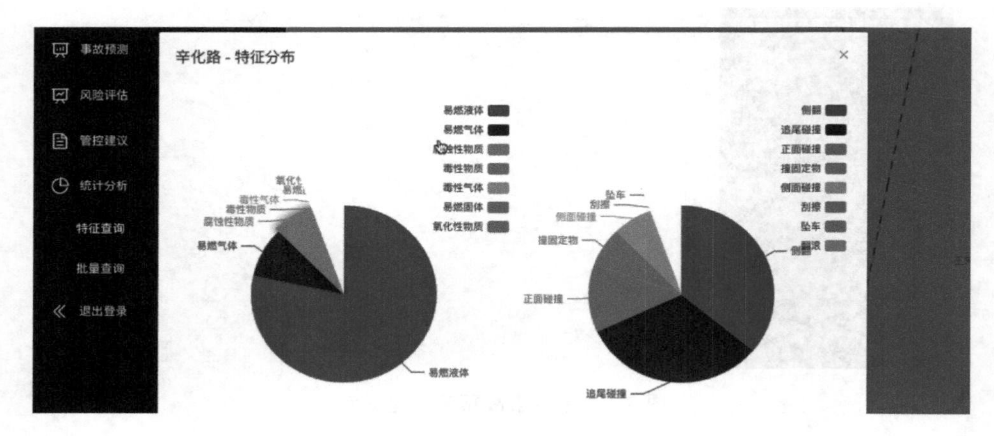

图 5.8　平台统计分析功能页面

(8)平台应用实践。平台接入山东省淄博市齐鲁石化城乡公路网，作为危化品运输路线事故风险评估与应用实践对象，导入区域路网交通运行、路网线型、交通事故等基础数据，植入事故预测和安全风险评估模型算法，可视化输出各基本路段短时和长时事故风险等级分布情况，以及人、车、环境、管理 4 个风险因素构成的雷达图，自动可视化输出安全风险管控措施。

参考文献

曹洁,张丽君,侯亮,等,2018. 基于信息熵加权的FCM交通状态识别研究[J]. 计算机应用与软件,35(10):68-73.

曹喆,2017. 样本和特征加权的模糊聚类算法研究[D]. 保定:河北大学.

陈钊正,吴聪,2018. 多变量聚类分析的高速公路交通流状态实时评估[J]. 交通运输系统工程与信息,18(3):225-233.

董春娇,2011. 多状态下城市快速路网交通流短时预测理论与方法研究[D]. 北京:北京交通大学.

冯肇瑞,1993. 安全系统工程[M]. 北京:冶金工业出版社:194-200.

韩文涛,张倩,贾安民,2005. 基于灰色系统的道路交通事故预测模型研究[J]. 西安建筑科技大学学报(自然科学版),37(3):375-377.

郝彩霞,许彦,龚声武,2012. 事故树分析法在LPG储罐火灾爆炸事故中的应用[J]. 中国安全生产科学技术,8(1):154-159.

胡江碧,王维利,王健,2010. 高速公路不同线形组合路段划分研究[J]. 中国公路学报(增刊1):53-57.

胡江碧,曹建平,管桂平,2014. 双车道公路不同线形组合路段划分标准研究[J]. 北京工业大学学报,40(11):1687-1694.

华杰工程咨询有限公司,2004. 公路项目安全性评价指南:JTG/T B05—2004[S]. 北京:人民交通出版社.

黄艳国,许伦辉,邝先验,2015. 基于模糊C均值聚类的城市道路交通状态判别[J]. 重庆交通大学学报(自然科学版),3(2):102-107.

吉小进,方守恩,黄进,2003. 高速公路基本路段比与事故率的关系[J]. 公路交通科技,20(1):122-124.

贾红梅,米雪玉,段满珍,2011. 危险品道路运输定量风险分析研究[J]. 河北理工大学学报(自然科学版),33(2):188-192.

姜桂艳,吴超腾,2009. 基于GPS采集车辆行程时间的路段划分模型[J]. 吉林大学学报(工学版),39(增刊2):177-182.

景天然,1991. 公路线形使用质量评价系统[J]. 中国公路学报(2):29-36.

雷兢,2005. 道路交通事故预测及控制研究[D]. 福州:福州大学.

李德毅,史雪梅,孟海军,1995. 隶属云和隶属云发生器[J]. 计算机研究和发展,32(6):15-20.

李凯,高岩,曹喆,2018. 自动调整样本和特征权值的模糊聚类算法[J]. 哈尔滨工程大学学报,39(9):1554-1560.

李相勇，2004. 道路交通事故预测方法研究［D］. 成都：西南交通大学.
林甲祥，吴丽萍，巫建伟，等，2018. 基于样本与特征双加权的自适应FCM聚类算法[J]. 黑龙江大学自然科学学报，35(2)：244-252.
林岩，陈帅，陈燕，等，2013. 道路交通事故的灰色马尔可夫预测模型与算法[J]. 武汉理工大学学报(交通科学与工程版)，37(5)：924-928.
刘川，孙广林，满聪，等，2019. 危化品运输路线交通安全风险关键因素识别[J]. 山东交通科技(6)：122-128.
刘茂，任军平，张宇，2005. 危险品公路运输风险分析方法及应用[J]. 中国公共安全(学术版)(3)：33-42.
刘强，夏士雄，周勇，等，2011. 基于两种加权方式的模糊聚类算法[J]. 计算机应用研究，28(12)：4437-4439.
刘清，徐开金，2009. 交通运输安全[M]. 武汉：武汉理工大学出版社.
刘思峰，谢乃明，方志耕，2008. 灰色系统理论及其应用[M]. 北京：科学出版社.
刘喆，孙广林，耿付超，等，2019. 基于灰色马尔可夫模型的危化品交通事故预测[J]. 山东交通科技(6)：129-133.
钱卫东，刘志强，2008. 基于灰色马尔可夫的道路交通事故预测[J]. 中国安全科学学报，18(3)：33-36.
曲腾狡，2016. 多源数据融合的城市道路交通状态实时判别方法研究[D]. 青岛：青岛理工大学.
任福田，刘小明，荣建，等，2003. 交通工程学[M]. 北京：人民交通出版社.
沈斐敏，张荣贵，2007. 道路交通事故预测与预防[M]. 北京：人民交通出版社.
舒怀珠，2009. 基于灰色理论的道路交通事故预测模型综述[J]. 道路交通与安全(6)：25-27.
宋涛，2007. 山区低等级公路运行速度安全性评价方法研究[D]. 成都：西南交通大学.
孙广林，刘君，2020a. 基于动态聚类的公路基本路段分割合并方法[J]. 公路(3)：196-199.
孙广林，刘君，2020b. 基于样本和特征加权FCM的交通状态识别[J]. 公路与汽运(9)：21-24.
孙广林，刘君，2020c. 危化品道路运输路线安全风险演化系统动力学仿真[J]. 公路与汽运(11)：43-49.
王楠，2010. 山区高速公路危险品运输风险评价与安全保障系统[D]. 重庆：重庆交通大学.
王晓楠，杨少伟，慕慧，等，2010. 山区高速公路合理限速分段研究[J]. 中外公路，30(4)：309-312.
王星，刘小勇，2017. 基于灰色马尔可夫模型的交通事故预测研究[J]. 交通科技与经济，19(4)：9-13.
王妍，2009. 道路交通安全状况分析及事故预测技术——温州市交通安全研究[D]. 镇江：江苏大学.
吴岩，2012. 生产作业区重大危险源评估方法研究[J]. 中国安全生产科学技术，8(3)：158-164.

吴宗之，任常兴，多英全，2014. 国外危险品道路运输安全管理实践[J]. 劳动保护，12：96-97.

肖慎，过秀成，宋俊敏，2003. 公路交通事故黑点鉴别方法研究[J]. 公路交通技术（2）：70-73.

杨新涅，陈梵驿，2015. 管制系统人为因素风险识别及排序研究[J]. 航空技术技术，45(6)：56-59.

曾明，史连军，刘清宇，2011. 基于雷达图法的水电厂生产运营对标管理评价[J]. 水电能源科学，29(4)：127-130.

张亮亮，贾元华，牛忠海，等，2014. 交通状态划分的参数权重聚类方法研究[J]. 交通运输系统工程与信息，14(6)：147-151.

张铁军，唐琤琤，康云霞，等，2010. Poisson 系列交通事故预测模型特点分析及应用 [J]. 公路交通科技（6）：132-137.

张心哲，关伟，2009. 基于聚类分析的城市交通路段划分研究[J]. 交通运输系统工程与信息，9(3)：36-42.

赵玲，许宏科，2012. 基于灰色加权马尔可夫 SCGM(1,1)c 的交通事故预测[J]. 计算机工程与应用(31)：11-15，145.

庄英伟，2004. 危险化学品公路运输定量风险分析方法探讨[J]. 中国职业安全卫生管理体系认证(1)：23-25.

BEZDEK J C，1981. Pattern Recognition with Fuzzy Objective Function Algorithms[M]. New York：Plenum Press.

BRANDES U，2004. A faster algorithm for betweenness centrality[J]. Journal of Mathematical Sociology，25(2)：163-177.

BUBBICO R，FERRARI C，MAZZAROTTA B，2000. Risk analysis of LPG transport by road and rail[J]. Journal of Loss Prevention in the Process Industries，13(1)：27-31.

CASSINI P，1998. Road transportation of dangerous goods：quantitative risk assessment and route comparison [J]. Journal of Hazardous Materials，61(1-3)：133-138.

CHRISTIANE S，THOMAS A，2002. Classification and prediction of road traffic using application-specific fuzzy clustering[J]. IEEE Transactions on Fuzzy Systems，10(3)：297-308.

FABIANO B，CURRO F，PALAZZI E，2002. A framework for risk assessment and decision-making strategies in dangerous good transportation[J]. Hazardous Materials，93：1-15.

HERMAN R，PRIGOGINE I，1979. A two-fluid approach to town traffic[J]. Science，204：148-151.

JIANG Qiangqiang，FANG Kun，ZHANG Guangcheng，2015. Geological hazard risk assessment based on new combination weighting method[J]. Journal of Natural Disasters，24(3)：28-36.

LANG L，1995. Mouse or molecule mechanism-based toxicology in cancer risk assessment [J]. Environ Health Prospect，103(4)：334-336.

LINDLEY J，1987. Urban freeway congestion：quantification of the problem and effectiveness of potential solution[J]. ITE Journal，57(1)：27-32.

LUM H，REAGAN J A，1995. Interactive highway safty design model：accident predictive module [J]. Public Roads，58(3)：14-17.

PARK Y，SACCOMANNO F F，2006. Evaluating speed consistency between successive elements of a two-lane rural highway[J]. Transportation Research Part A：Policy and Practice，40(5)：375-385.

SABIDUSSI G，1966. The centrality index of a graph [J]. Psychometrika，31(4)：581-603.

THOMSON B J，1998. Proceedings of International Workshop on Safety in the Transport[M]. Tokyo：Storage and Use of Hazardous Materials.

TSENG F M，YU H C，TZENG G H，2001. Applied hybrid grey model to forecast seasonal time series[J]. Technological Forecasting and Social Change，67(2)：291-302.

附　录

危险货物道路运输安全管理办法

（交通运输部　2019 年 11 月 10 日）

第一章　总　　则

第一条　为了加强危险货物道路运输安全管理，预防危险货物道路运输事故，保障人民群众生命、财产安全，保护环境，依据《中华人民共和国安全生产法》《中华人民共和国道路运输条例》《危险化学品安全管理条例》《公路安全保护条例》等有关法律、行政法规，制定本办法。

第二条　对使用道路运输车辆从事危险货物运输及相关活动的安全管理，适用本办法。

第三条　危险货物道路运输应当坚持安全第一、预防为主、综合治理、便利运输的原则。

第四条　国务院交通运输主管部门主管全国危险货物道路运输管理工作。

县级以上地方人民政府交通运输主管部门负责组织领导本行政区域的危险货物道路运输管理工作。

工业和信息化、公安、生态环境、应急管理、市场监督管理等部门按照各自职责，负责对危险货物道路运输相关活动进行监督检查。

第五条　国家建立危险化学品监管信息共享平台，加强危险货物道路运输安全管理。

第六条　不得托运、承运法律、行政法规禁止运输的危险货物。

第七条　托运人、承运人、装货人应当制定危险货物道路运输作业查验、记录制度，以及人员安全教育培训、设备管理和岗位操作规程等安全生产管理制度。

托运人、承运人、装货人应当按照相关法律法规和《危险货物道路运输规则》(JT/T617)要求，对本单位相关从业人员进行岗前安全教育培训和定期安全教育。未经岗前安全教育培训考核合格的人员，不得上岗作业。

托运人、承运人、装货人应当妥善保存安全教育培训及考核记录。岗前安全教育培训及考核记录保存至相关从业人员离职后 12 个月；定期安全教育记录保存期限不得少于12个月。

第八条 国家鼓励危险货物道路运输企业应用先进技术和装备，实行专业化、集约化经营。

禁止危险货物运输车辆挂靠经营。

第二章 危险货物托运

第九条 危险货物托运人应当委托具有相应危险货物道路运输资质的企业承运危险货物。托运民用爆炸物品、烟花爆竹的，应当委托具有第一类爆炸品或者第一类爆炸品中相应项别运输资质的企业承运。

第十条 托运人应当按照《危险货物道路运输规则》(JT/T 617)确定危险货物的类别、项别、品名、编号，遵守相关特殊规定要求。需要添加抑制剂或者稳定剂的，托运人应当按照规定添加，并将有关情况告知承运人。

第十一条 托运人不得在托运的普通货物中违规夹带危险货物，或者将危险货物匿报、谎报为普通货物托运。

第十二条 托运人应当按照《危险货物道路运输规则》(JT/T 617)妥善包装危险货物，并在外包装设置相应的危险货物标志。

第十三条 托运人在托运危险货物时，应当向承运人提交电子或者纸质形式的危险货物托运清单。

危险货物托运清单应当载明危险货物的托运人、承运人、收货人、装货人、始发地、目的地、危险货物的类别、项别、品名、编号、包装及规格、数量、应急联系电话等信息，以及危险货物危险特性、运输注意事项、急救措施、消防措施、泄漏应急处置、次生环境污染处置措施等信息。

托运人应当妥善保存危险货物托运清单，保存期限不得少于12个月。

第十四条 托运人应当在危险货物运输期间保持应急联系电话畅通。

第十五条 托运人托运剧毒化学品、民用爆炸物品、烟花爆竹或者放射性物品的，应当向承运人相应提供公安机关核发的剧毒化学品道路运输通行证、民用爆炸物品运输许可证、烟花爆竹道路运输许可证、放射性物品道路运输许可证明或者文件。

托运人托运第一类放射性物品的，应当向承运人提供国务院核安全监管部门批准的放射性物品运输核与辐射安全分析报告。

托运人托运危险废物(包括医疗废物，下同)的，应当向承运人提供生态环境主管部门发放的电子或者纸质形式的危险废物转移联单。

第三章 例外数量与有限数量危险货物运输的特别规定

第十六条 例外数量危险货物的包装、标记、包件测试，以及每个内容器和外容器可运输危险货物的最大数量，应当符合《危险货物道路运输规则》(JT/T 617)要求。

第十七条 有限数量危险货物的包装、标记，以及每个内容器或者物品所装的最大数量、总质量(含包装)，应当符合《危险货物道路运输规则》(JT/T 617)要求。

第十八条 托运人托运例外数量危险货物的，应当向承运人书面声明危险货物符合《危险货物道路运输规则》(JT/T 617)包装要求。承运人应当要求驾驶员随车携带书面声明。托运人应当在托运清单中注明例外数量危险货物以及包件的数量。

第十九条 托运人托运有限数量危险货物的，应当向承运人提供包装性能测试报告或者书面声明危险货物符合《危险货物道路运输规则》(JT/T 617)包装要求。承运人应当要求驾驶员随车携带测试报告或者书面声明。托运人应当在托运清单中注明有限数量危险货物以及包件的数量、总质量(含包装)。

第二十条 例外数量、有限数量危险货物包件可以与其他危险货物、普通货物混合装载，但有限数量危险货物包件不得与爆炸品混合装载。

第二十一条 运输车辆载运例外数量危险货物包件数不超过 1000 个或者有限数量危险货物总质量(含包装)不超过 8000 千克的，可以按照普通货物运输。

第四章 危险货物承运

第二十二条 危险货物承运人应当按照交通运输主管部门许可的经营范围承运危险货物。

第二十三条 危险货物承运人应当使用安全技术条件符合国家标准要求且与承运危险货物性质、重量相匹配的车辆、设备进行运输。

危险货物承运人使用常压液体危险货物罐式车辆运输危险货物的，应当在罐式车辆罐体的适装介质列表范围内承运；使用移动式压力容器运输危险货物的，应当按照移动式压力容器使用登记证上限定的介质承运。

危险货物承运人应当按照运输车辆的核定载质量装载危险货物，不得超载。

第二十四条 危险货物承运人应当制作危险货物运单，并交由驾驶员随车携带。危险货物运单应当妥善保存，保存期限不得少于 12 个月。

危险货物运单格式由国务院交通运输主管部门统一制定。危险货物运单可以是电子或者纸质形式。

运输危险废物的企业还应当填写并随车携带电子或者纸质形式的危险废物转移联单。

第二十五条 危险货物承运人在运输前，应当对运输车辆、罐式车辆罐体、可移动罐柜、罐式集装箱（以下简称罐箱）及相关设备的技术状况，以及卫星定位装置进行检查并做好记录，对驾驶员、押运员进行运输安全告知。

第二十六条 危险货物道路运输车辆驾驶员、押运员在起运前，应当对承运危险货物的运输车辆、罐式车辆罐体、可移动罐柜、罐箱进行外观检查，确保没有影响运输安全的缺陷。

危险货物道路运输车辆驾驶员、押运员在起运前，应当检查确认危险货物运输车辆按照《道路运输危险货物车辆标志》(GB 13392)要求安装、悬挂标志。运输爆炸品和剧毒化学品的，还应当检查确认车辆安装、粘贴符合《道路运输爆炸品和剧毒化学品车辆安全技术条件》(GB 20300)要求的安全标示牌。

第二十七条 危险货物承运人除遵守本办法规定外，还应当遵守《道路危险货物运输管理规定》有关运输行为的要求。

第五章 危险货物装卸

第二十八条 装货人应当在充装或者装载货物前查验以下事项；不符合要求的，不得充装或者装载：

（一）车辆是否具有有效行驶证和营运证；

（二）驾驶员、押运员是否具有有效资质证件；

（三）运输车辆、罐式车辆罐体、可移动罐柜、罐箱是否在检验合格有效期内；

（四）所充装或者装载的危险货物是否与危险货物运单载明的事项相一致；

（五）所充装的危险货物是否在罐式车辆罐体的适装介质列表范围内，或者满足可移动罐柜导则、罐箱适用代码的要求。

充装或者装载剧毒化学品、民用爆炸物品、烟花爆竹、放射性物品或者危险废物时，还应当查验本办法第十五条规定的单证报告。

第二十九条 装货人应当按照相关标准进行装载作业。装载货物不得超过运输车辆的核定载质量，不得超出罐式车辆罐体、可移动罐柜、罐箱的允许充装量。

第三十条 危险货物交付运输时，装货人应当确保危险货物运输车辆按照《道路运输危险货物车辆标志》(GB 13392)要求安装、悬挂标志，确保包装容器没有损坏或者泄漏，罐式车辆罐体、可移动罐柜、罐箱的关闭装置处于关闭状态。

爆炸品和剧毒化学品交付运输时，装货人还应当确保车辆安装、粘贴符合《道路运输爆炸品和剧毒化学品车辆安全技术条件》(GB 20300)要求的安全标示牌。

第三十一条 装货人应当建立危险货物装货记录制度，记录所充装或者装载的危险货物类别、品名、数量、运单编号和托运人、承运人、运输车辆及驾驶员等相关信息并妥善保存，保存期限不得少于12个月。

第三十二条 充装或者装载危险化学品的生产、储存、运输、使用和经营企业，应当按照本办法要求建立健全并严格执行充装或者装载查验、记录制度。

第三十三条 收货人应当及时收货，并按照安全操作规程进行卸货作业。

第三十四条 禁止危险货物运输车辆在卸货后直接实施排空作业等活动。

第六章 危险货物运输车辆与罐式车辆罐体、可移动罐柜、罐箱

第三十五条 工业和信息化主管部门应当通过《道路机动车辆生产企业及产品公告》公布产品型号，并按照《危险货物运输车辆结构要求》(GB 21668)公布危险货物运输车辆类型。

第三十六条 危险货物运输车辆生产企业应当按照工业和信息化主管部门公布的产品型号进行生产。危险货物运输车辆应当获得国家强制性产品认证证书。

第三十七条 危险货物运输车辆生产企业应当按照《危险货物运输车辆结构要求》(GB 21668)标注危险货物运输车辆的类型。

第三十八条 液体危险化学品常压罐式车辆罐体生产企业应当取得工业产品生产许可证，生产的罐体应当符合《道路运输液体危险货物罐式车辆》(GB 18564)要求。

检验机构应当严格按照国家标准、行业标准及国家统一发布的检验业务规则，开展液体危险化学品常压罐式车辆罐体检验，对检验合格的罐体出具检验合格证书。检验合格证书包括罐体载质量、罐体容积、罐体编号、适装介质列表和下次检验日期等内容。

检验机构名录及检验业务规则由国务院市场监督管理部门、国务院交通运输主管部门共同公布。

第三十九条 常压罐式车辆罐体生产企业应当按照要求为罐体分配并标注唯一性编码。

第四十条 罐式车辆罐体应当在检验有效期内装载危险货物。

检验有效期届满后，罐式车辆罐体应当经具有专业资质的检验机构重新检验合格，方可投入使用。

第四十一条 装载危险货物的常压罐式车辆罐体的重大维修、改造，应当委托具备罐体生产资质的企业实施，并通过具有专业资质的检验机构维修、改造检验，取得检验合格证书，方可重新投入使用。

第四十二条 运输危险货物的可移动罐柜、罐箱应当经具有专业资质的检验机构检验合格，取得检验合格证书，并取得相应的安全合格标志，按照规定用途使用。

第四十三条 危险货物包装容器属于移动式压力容器或者气瓶的，还应当满足特种设备相关法律法规、安全技术规范以及国际条约的要求。

第七章 危险货物运输车辆运行管理

第四十四条 在危险货物道路运输过程中，除驾驶员外，还应当在专用车辆上配备必要的押运员，确保危险货物处于押运员监管之下。

运输车辆应当安装、悬挂符合《道路运输危险货物车辆标志》(GB 13392)要求的警示标志，随车携带防护用品、应急救援器材和危险货物道路运输安全卡，严格遵守道路交通安全法律法规规定，保障道路运输安全。

运输爆炸品和剧毒化学品车辆还应当安装、粘贴符合《道路运输爆炸品和剧毒化学品车辆安全技术条件》(GB 20300)要求的安全标示牌。

运输剧毒化学品、民用爆炸物品、烟花爆竹、放射性物品或者危险废物时，还应当随车携带本办法第十五条规定的单证报告。

第四十五条 危险货物承运人应当按照《中华人民共和国反恐怖主义法》和《道路运输车辆动态监督管理办法》要求，在车辆运行期间通过定位系统对车辆和驾驶员进行监控管理。

第四十六条 危险货物运输车辆在高速公路上行驶速度不得超过每小时80公里，在其他道路上行驶速度不得超过每小时60公里。道路限速标志、标线标明的速度低于上述规定速度的，车辆行驶速度不得高于限速标志、标线标明的速度。

第四十七条 驾驶员应当确保罐式车辆罐体、可移动罐柜、罐箱的关闭装置在运输过程中处于关闭状态。

第四十八条 运输民用爆炸物品、烟花爆竹和剧毒、放射性等危险物品时，应当按照公安机关批准的路线、时间行驶。

第四十九条 有下列情形之一的，公安机关可以依法采取措施，限制危险货物运输车辆通行：

（一）城市（含县城）重点地区、重点单位、人流密集场所、居民生活区；

（二）饮用水水源保护区、重点景区、自然保护区；

（三）特大桥梁、特长隧道、隧道群、桥隧相连路段及水下公路隧道；

（四）坡长坡陡、临水临崖等通行条件差的山区公路；

（五）法律、行政法规规定的其他可以限制通行的情形。

除法律、行政法规另有规定外，公安机关综合考虑相关因素，确需对通过高速公路运输危险化学品依法采取限制通行措施的，限制通行时段应当在 00 时至 06 时之间确定。

公安机关采取限制危险货物运输车辆通行措施的，应当提前向社会公布，并会同交通运输主管部门确定合理的绕行路线，设置明显的绕行提示标志。

第五十条　遇恶劣天气、重大活动、重要节假日、交通事故、突发事件等，公安机关可以临时限制危险货物运输车辆通行，并做好告知提示。

第五十一条　危险货物运输车辆需在高速公路服务区停车的，驾驶员、押运员应当按照有关规定采取相应的安全防范措施。

第八章　监督检查

第五十二条　对危险货物道路运输负有安全监督管理职责的部门，应当依照下列规定加强监督检查：

（一）交通运输主管部门负责核发危险货物道路运输经营许可证，定期对危险货物道路运输企业动态监控工作的情况进行考核，依法对危险货物道路运输企业进行监督检查，负责对运输环节充装查验、核准、记录等进行监管。

（二）工业和信息化主管部门应当依法对《道路机动车辆生产企业及产品公告》内的危险货物运输车辆生产企业进行监督检查，依法查处违法违规生产企业及产品。

（三）公安机关负责核发剧毒化学品道路运输通行证、民用爆炸物品运输许可证、烟花爆竹道路运输许可证和放射性物品运输许可证明或者文件，并负责危险货物运输车辆的通行秩序管理。

（四）生态环境主管部门应当依法对放射性物品运输容器的设计、制造和使用等进行监督检查，负责监督核设施营运单位、核技术利用单位建立健全并执行托运及充装管理制度规程。

（五）应急管理部门和其他负有安全生产监督管理职责的部门依法负责危险化学品生产、储存、使用和经营环节的监管，按照职责分工督促企业建立健全充装管理制度规程。

（六）市场监督管理部门负责依法查处危险化学品及常压罐式车辆罐体质量违法行为和常压罐式车辆罐体检验机构出具虚假检验合格证书的行为。

第五十三条　对危险货物道路运输负有安全监督管理职责的部门，应当建立联合执法协作机制。

第五十四条　对危险货物道路运输负有安全监督管理职责的部门发现危险货物托运、承运或者装载过程中存在重大隐患，有可能发生安全事故的，应当要求其停止作业并消除隐患。

第五十五条 对危险货物道路运输负有安全监督管理职责的部门监督检查时，发现需由其他负有安全监督管理职责的部门处理的违法行为，应当及时移交。

其他负有安全监督管理职责的部门应当接收，依法处理，并将处理结果反馈移交部门。

第九章 法律责任

第五十六条 交通运输主管部门对危险货物承运人违反本办法第七条，未对从业人员进行安全教育和培训的，应当责令限期改正，可以处5万元以下的罚款；逾期未改正的，责令停产停业整顿，并处5万元以上10万元以下的罚款，对其直接负责的主管人员和其他直接责任人员处1万元以上2万元以下的罚款。

第五十七条 交通运输主管部门对危险化学品托运人有下列情形之一的，应当责令改正，处10万元以上20万元以下的罚款，有违法所得的，没收违法所得；拒不改正的，责令停产停业整顿：

(一)违反本办法第九条，委托未依法取得危险货物道路运输资质的企业承运危险化学品的；

(二)违反本办法第十一条，在托运的普通货物中违规夹带危险化学品，或者将危险化学品匿报或者谎报为普通货物托运的。

有前款第(二)项情形，构成违反治安管理行为的，由公安机关依法给予治安管理处罚。

第五十八条 交通运输主管部门对危险货物托运人违反本办法第十条，危险货物的类别、项别、品名、编号不符合相关标准要求的，应当责令改正，属于非经营性的，处1000元以下的罚款；属于经营性的，处1万元以上3万元以下的罚款。

第五十九条 交通运输主管部门对危险化学品托运人有下列情形之一的，应当责令改正，处5万元以上10万元以下的罚款；拒不改正的，责令停产停业整顿：

(一)违反本办法第十条，运输危险化学品需要添加抑制剂或者稳定剂，托运人未添加或者未将有关情况告知承运人的；

(二)违反本办法第十二条，未按照要求对所托运的危险化学品妥善包装并在外包装设置相应标志的。

第六十条 交通运输主管部门对危险货物承运人有下列情形之一的，应当责令改正，处2000元以上5000元以下的罚款：

(一)违反本办法第二十三条，未在罐式车辆罐体的适装介质列表范围内或者移动式压力容器使用登记证上限定的介质承运危险货物的；

(二)违反本办法第二十四条，未按照规定制作危险货物运单或者保存期限不符合要求的；

（三）违反本办法第二十五条，未按照要求对运输车辆、罐式车辆罐体、可移动罐柜、罐箱及设备进行检查和记录的。

第六十一条 交通运输主管部门对危险货物道路运输车辆驾驶员具有下列情形之一的，应当责令改正，处1000元以上3000元以下的罚款：

（一）违反本办法第二十四条、第四十四条，未按照规定随车携带危险货物运单、安全卡的；

（二）违反本办法第四十七条，罐式车辆罐体、可移动罐柜、罐箱的关闭装置在运输过程中未处于关闭状态的。

第六十二条 交通运输主管部门对危险货物承运人违反本办法第四十条、第四十一条、第四十二条，使用未经检验合格或者超出检验有效期的罐式车辆罐体、可移动罐柜、罐箱从事危险货物运输的，应当责令限期改正，可以处5万元以下的罚款；逾期未改正的，处5万元以上20万元以下的罚款，对其直接负责的主管人员和其他直接责任人员处1万元以上2万元以下的罚款；情节严重的，责令停产停业整顿。

第六十三条 交通运输主管部门对危险货物承运人违反本办法第四十五条，未按照要求对运营中的危险化学品、民用爆炸物品、核与放射性物品的运输车辆通过定位系统实行监控的，应当给予警告，并责令改正；拒不改正的，处10万元以下的罚款，并对其直接负责的主管人员和其他直接责任人员处1万元以下的罚款。

第六十四条 工业和信息化主管部门对作为装货人的民用爆炸物品生产、销售企业违反本办法第七条、第二十八条、第三十一条，未建立健全并严格执行充装或者装载查验、记录制度的，应当责令改正，处1万元以上3万元以下的罚款。

生态环境主管部门对核设施营运单位、核技术利用单位违反本办法第七条、第二十八条、第三十一条，未建立健全并严格执行充装或者装载查验、记录制度的，应当责令改正，处1万元以上3万元以下的罚款。

第六十五条 交通运输主管部门、应急管理部门和其他负有安全监督管理职责的部门对危险化学品生产、储存、运输、使用和经营企业违反本办法第三十二条，未建立健全并严格执行充装或者装载查验、记录制度的，应当按照职责分工责令改正，处1万元以上3万元以下的罚款。

第六十六条 对装货人违反本办法第四十三条，未按照规定实施移动式压力容器、气瓶充装查验、记录制度，或者对不符合安全技术规范要求的移动式压力容器、气瓶进行充装的，依照特种设备相关法律法规进行处罚。

第六十七条 公安机关对有关企业、单位或者个人违反本办法第十五条，未经许可擅自通过道路运输危险货物的，应当责令停止非法运输活动，并予以处罚：

(一)擅自运输剧毒化学品的,处5万元以上10万元以下的罚款;

(二)擅自运输民用爆炸物品的,处5万元以上20万元以下的罚款,并没收非法运输的民用爆炸物品及违法所得;

(三)擅自运输烟花爆竹的,处1万元以上5万元以下的罚款,并没收非法运输的物品及违法所得;

(四)擅自运输放射性物品的,处2万元以上10万元以下的罚款。

第六十八条 公安机关对危险货物承运人有下列行为之一的,应当责令改正,处5万元以上10万元以下的罚款;构成违反治安管理行为的,依法给予治安管理处罚:

(一)违反本办法第二十三条,使用安全技术条件不符合国家标准要求的车辆运输危险化学品的;

(二)违反本办法第二十三条,超过车辆核定载质量运输危险化学品的。

第六十九条 公安机关对危险货物承运人违反本办法第四十四条,通过道路运输危险化学品不配备押运员的,应当责令改正,处1万元以上5万元以下的罚款;构成违反治安管理行为的,依法给予治安管理处罚。

第七十条 公安机关对危险货物运输车辆违反本办法第四十四条,未按照要求安装、悬挂警示标志的,应当责令改正,并对承运人予以处罚:

(一)运输危险化学品的,处1万元以上5万元以下的罚款;

(二)运输民用爆炸物品的,处5万元以上20万元以下的罚款;

(三)运输烟花爆竹的,处200元以上2000元以下的罚款;

(四)运输放射性物品的,处2万元以上10万元以下的罚款。

第七十一条 公安机关对危险货物承运人违反本办法第四十四条,运输剧毒化学品、民用爆炸物品、烟花爆竹或者放射性物品未随车携带相应单证报告的,应当责令改正,并予以处罚:

(一)运输剧毒化学品未随车携带剧毒化学品道路运输通行证的,处500元以上1000元以下的罚款;

(二)运输民用爆炸物品未随车携带民用爆炸物品运输许可证的,处5万元以上20万元以下的罚款;

(三)运输烟花爆竹未随车携带烟花爆竹道路运输许可证的,处200元以上2000元以下的罚款;

(四)运输放射性物品未随车携带放射性物品道路运输许可证明或者文件的,有违法所得的,处违法所得3倍以下且不超过3万元的罚款;没有违法所得的,处1万元以下的罚款。

第七十二条 公安机关对危险货物运输车辆违反本办法第四十八条,未依照批准路线等行驶的，应当责令改正，并对承运人予以处罚：

（一）运输剧毒化学品的，处1000元以上1万元以下的罚款；

（二）运输民用爆炸物品的，处5万元以上20万元以下的罚款；

（三）运输烟花爆竹的，处200元以上2000元以下的罚款；

（四）运输放射性物品的，处2万元以上10万元以下的罚款。

第七十三条 危险化学品常压罐式车辆罐体检验机构违反本办法第三十八条，为不符合相关法规和标准要求的危险化学品常压罐式车辆罐体出具检验合格证书的，按照有关法律法规的规定进行处罚。

第七十四条 交通运输、工业和信息化、公安、生态环境、应急管理、市场监督管理等部门应当相互通报有关处罚情况，并将涉企行政处罚信息及时归集至国家企业信用信息公示系统，依法向社会公示。

第七十五条 对危险货物道路运输负有安全监督管理职责的部门工作人员在危险货物道路运输监管工作中滥用职权、玩忽职守、徇私舞弊的，依法进行处理；构成犯罪的，依法追究刑事责任。

第十章 附 则

第七十六条 军用车辆运输危险货物的安全管理，不适用本办法。

第七十七条 未列入《危险货物道路运输规则》（JT/T 617）的危险化学品、《国家危险废物名录》中明确的在转移和运输环节实行豁免管理的危险废物、诊断用放射性药品的道路运输安全管理，不适用本办法，由国务院交通运输、生态环境等主管部门分别依据各自职责另行规定。

第七十八条 本办法下列用语的含义是：

（一）危险货物，是指列入《危险货物道路运输规则》（JT/T 617），具有爆炸、易燃、毒害、感染、腐蚀、放射性等危险特性的物质或者物品。

（二）例外数量危险货物，是指列入《危险货物道路运输规则》（JT/T 617），通过包装、包件测试、单证等特别要求，消除或者降低其运输危险性并免除相关运输条件的危险货物。

（三）有限数量危险货物，是指列入《危险货物道路运输规则》（JT/T 617），通过数量限制、包装、标记等特别要求，消除或者降低其运输危险性并免除相关运输条件的危险货物。

（四）装货人，是指受托运人委托将危险货物装进危险货物车辆、罐式车辆罐体、可移动罐柜、集装箱、散装容器，或者将装有危险货物的包装容器装载到车辆上的企业或者单位。

第七十九条 本办法自2020年1月1日起施行。

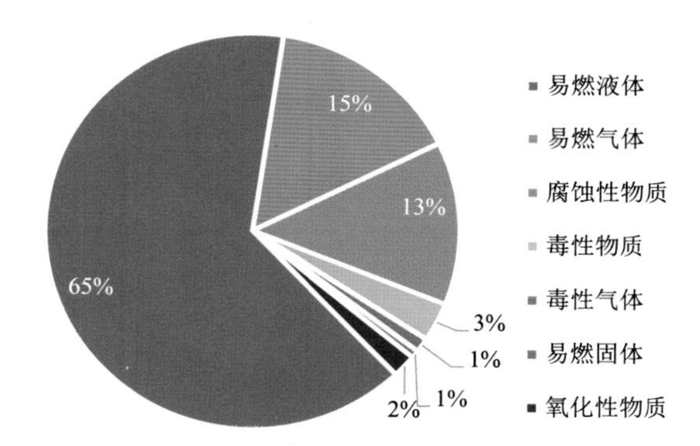

图 1.2　2013—2017 年危化品运输车辆事故涉及的危化品类别分布

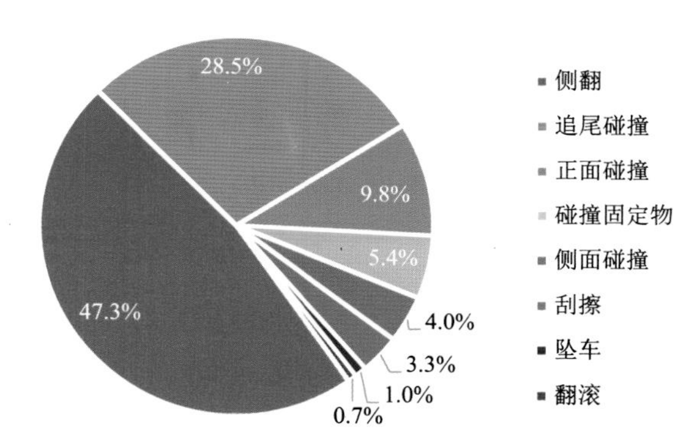

图 1.4　2013—2017 年涉及危化品运输车辆的事故形态分布

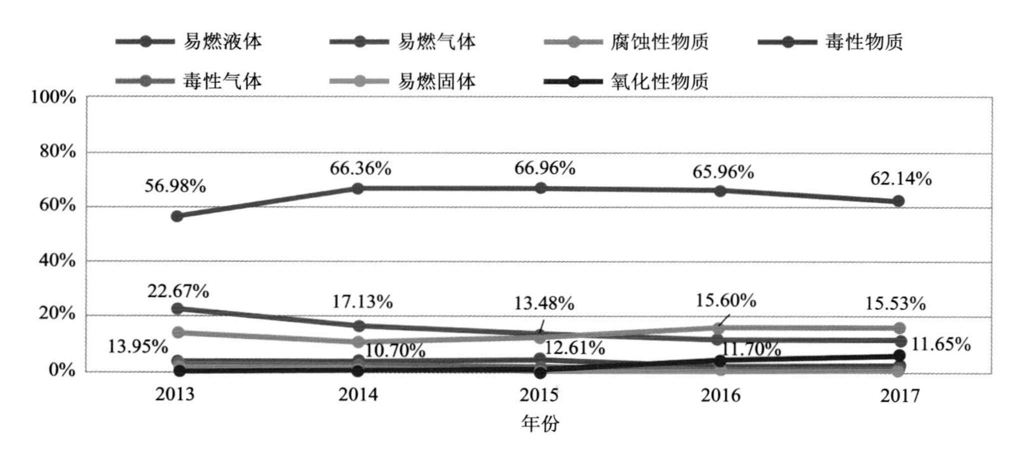

图 1.5　2013—2017 年危化品运输车辆事故危化品类别分布

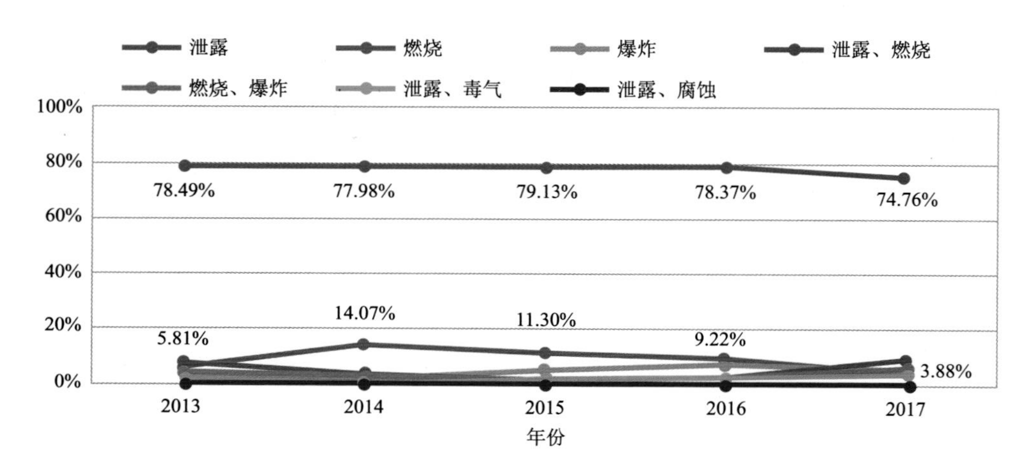

图 1.6　2013—2017 年危化品运输车辆事故类型分布

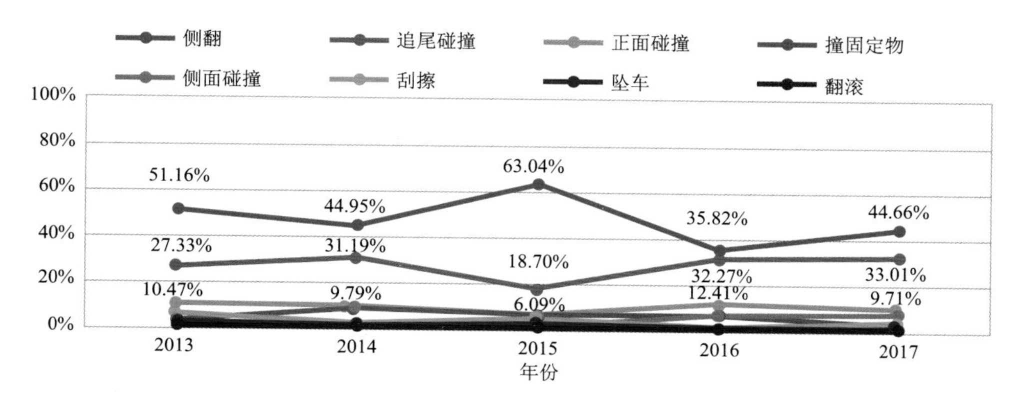

图 1.7　2013—2017 年危化品运输车辆事故形态分布

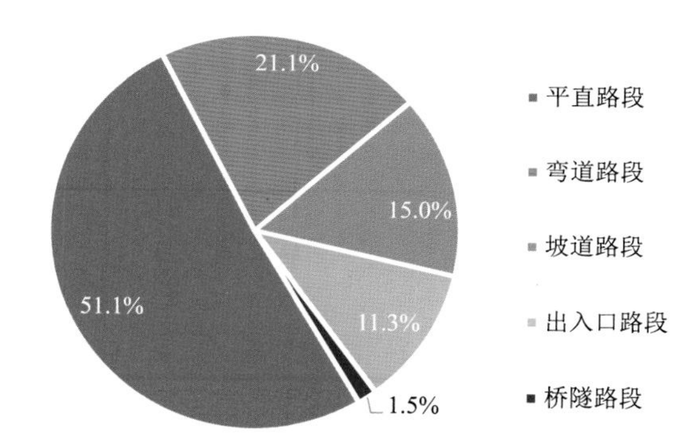

图 1.8　2013—2017 年危化品运输车辆事故路段类型分布

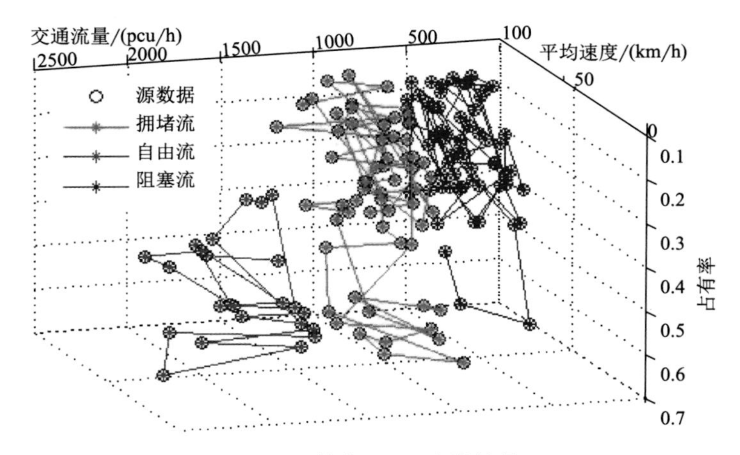

图 2.7　传统 FCM 聚类结果

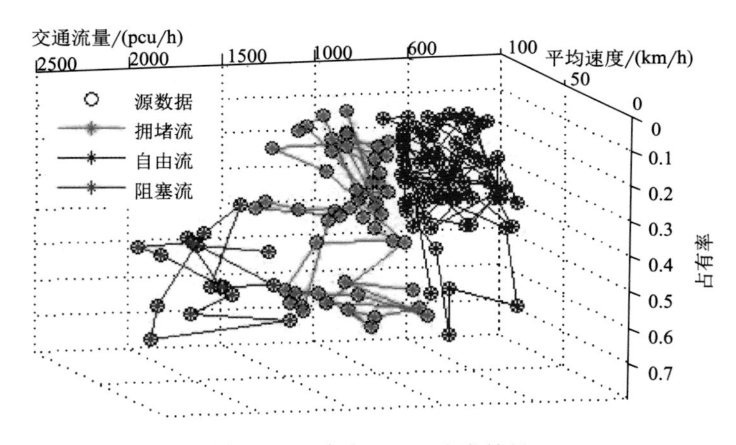

图 2.8　双加权 FCM 聚类结果

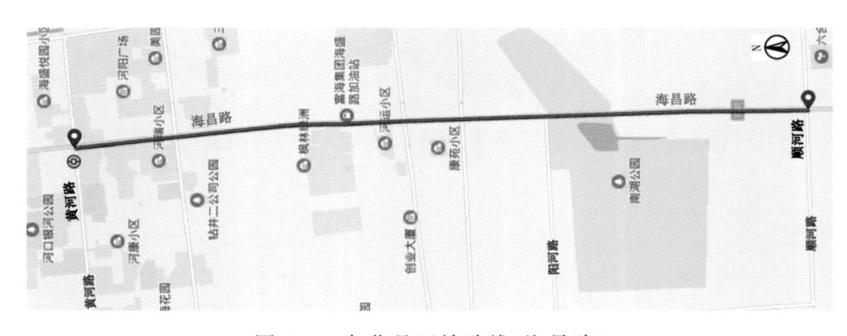

图 4.9　危化品运输路线(海昌路)